普通高等院校"十三五"规划教材

城市规划与设计

任雪冰　主编

中国建材工业出版社

图书在版编目(CIP)数据

城市规划与设计/任雪冰主编．--北京：中国建
材工业出版社，2019.5（2021.7重印）
普通高等院校"十三五"规划教材
ISBN 978-7-5160-2479-9

Ⅰ.①城…　Ⅱ.①任…　Ⅲ.①城市规划—建筑设计—
高等学校—教材　Ⅳ.①TU984

中国版本图书馆 CIP 数据核字（2018）第 282285 号

内 容 简 介

　　本教材在编写内容上立足于城市空间这条主线，从城市空间的发展演变入手，在让学生了解不同时期城市空间特征的基础上，根据城市总体规划、控制性详细规划、修建性详细规划和城市设计不同编制层次的要求，从理论指导、编制内容、思考过程、设计方法和实践案例方面进行详细展开，梳理了城乡规划设计的编制过程。

　　本书可作为普通高等院校、成人高校、民办高校的教学用书及相关从业人员的参考用书。

城市规划与设计

任雪冰　主编

出版发行：中国建材工业出版社
地　　址：北京市海淀区三里河路 1 号
邮　　编：100044
经　　销：全国各地新华书店
印　　刷：北京雁林吉兆印刷有限公司
开　　本：787mm×1092mm　1/16
印　　张：12.5
字　　数：280 千字
版　　次：2019 年 5 月第 1 版
印　　次：2021 年 7 月第 3 次
定　　价：49.80 元

前　言

　　城市规划与设计是城乡规划专业的核心基础课程，课程目标是让学生了解城市规划工作尤其是城市规划编制工作的流程和方法。本书吸收了城乡规划理论与实践的新成就，紧贴城乡规划编制工作对从业人员必备的基本知识与技能要求，注重学生职业能力的培养，从城乡规划设计编制内容、编制方法、思考过程和设计要求方面阐述了城乡规划设计的基本理论、基本技能和基本方法。

　　本书在编排体例上，立足教师教学和学生学习，在全方位服务师生的同时，兼顾学生职业方向的需要。实现教学资源与教学内容的有效对接，融"教、学、实践"为一体。教材编写内容上立足于城市空间这条主线，从城市空间的发展演变入手，在让学生了解不同时期城市空间特征的基础上，根据城市总体规划、控制性详细规划、修建性详细规划和城市设计不同编制层次的要求，从理论指导、编制内容、思考过程、设计方法和实践案例方面进行详细展开，梳理了城乡规划设计的编制过程。本教材的特色是以空间设计为主线，以城市设计方法为核心，介绍城市设计的整个思考过程和设计过程，教材内容丰富翔实，以期望能对相关学生及从业人员进行有效指导。

　　本书在编写过程中吸收了国内外专家、学者的研究成果和先进理念，参考了大量相关的文献、著作、教材，在此谨向所有专家、学者、参考文献的编著者表示衷心的感谢。教材在编写过程中，胡热月、张逸雯、于扬也倾注了大量的时间和精力，感谢他们的参与和付出。

　　作为城乡规划专业的教材，本书可作为普通高等院校、成人高校、民办高校等教学用书及相关从业人员参考用书。教材内容不尽成熟，难免有错漏之处，恳请读者批评指正。

编　者

2019 年 4 月

目　　录

第1章 总 论

1.1 新形势下学习城市规划与设计的目的与意义

我们正处于一个快速城市化的时代。从世界范围来看，全世界的城市化水平在2007年已超过50%，这意味着全球有一半以上的人口居住在城市。就中国情况而言，虽然城市化进程起步较晚，但发展速度很快，2011年中国的城市化水平达到了50.3%，这意味着中国也有超过半数的人口生活在城市。城市与人们的生活关系越来越密切，如何建设我们的城市，城市如何使居民的生活更美好，是每个城市居民热切关注的事情。

改革开放以来，随着我国城市化进程的加快和城市建设热潮的到来，各种各样的城乡规划设计项目遍地开花，迅速改变了各个城市的面貌。但是快速建设和盲目的简单复制，造成了对城市原有肌理和传统空间结构的抹杀和破坏，各个城市呈现出"千城一面"现象的同时，交通拥堵、空间质量下降等城市问题随处可见。这对从事城乡规划实践的从业者提出了新的要求。

鉴于当前的形式和要求，城市规划师作为城市的专业设计者，有着重要的社会责任。城市是自然环境与人工环境相结合产生的、人口相对比较集中的生活空间。人们的生活、工作、学习等社会活动都是在城市当中进行的，如何创造一个有活力、有品质、健康及可持续发展的城市空间是城市规划师义不容辞的责任。科学的城市规划与设计在调控城市发展过程中具有十分重要的意义和价值。

1.2 城市、城市规划、城市设计与城市规划设计

1.2.1 城市

1. 城市的定义

城市如何定义？至今在学术界尚无定论。通常我们认为城市的起源是从人类在有了固定居民点之后，随着生产能力的不断提高和产品交换频率的增加而逐渐产生的。

我国汉字中的"城"字具有两层含义，其一是城墙，其二是城市，而城市的"城"是由城墙的"城"而来的。显然，在古代的中国，城墙是城市一个主要的具有代表性

的形象。建筑城墙是建城的一项首要的工作。

西方古代城市也有城墙，但 wall（城墙）并没有代表城市的含义。Urban（城市，市政）来自拉丁文的 urbs，原意指城市的生活。City（城市，市镇）含义为市民可以享受公民权利，过着一种公共生活的地方，城市就是安排和适应这种生活的一种工具。

城市是一种现实的社会存在，在现实生活中每个人都很清楚地知道自己是否生活在城市之中，但城市究竟是什么，不同的人则有不同的看法。法国学者平切梅尔（P. Pinchemel）指出了为城市下定义的困难："城市既是一个景观、一片经济空间、一种人口密度，也是一个生活重心和劳动中心；具体来说，也是一种文化、一种特征或一个灵魂。"

因此，作为人类居住地的城市是一个复杂的社会存在，不同学科在对城市进行研究时对城市有不同的理解，也从不同视角揭示了城市所具有的特征和意义。

（1）从地理学概念上讲，城市是具有一定的人口和建筑、绿化、交通等用地规模，第二产业及第三产业高度集聚的居民点。

（2）从城市经济学概念上讲，城市是区域的经济中心和社会发展中心，是富有效率的非农产业的集中地，是人们享受现代物质文明和精神文明的基地。

（3）从环境学概念上讲，城市是一个不完全的、脆弱的环境系统。

（4）从建筑学概念上讲，城市是不同建筑物最密集的场所，是建筑文化最发达的地方。

（5）从城市社会学的角度上讲，城市是一种具有某种特征的、在地理上有界的社会组织形式。

（6）城市规划学者对城市作如下总结和阐释：城市聚集了一定数量的人口；城市以非农业活动为主，是区别于农村的社会组织形式；城市体现了一定地域中政治、经济、文化等方面具有不同范围中心的职能；城市必须提供物质设施和力求保持良好的生态环境；城市是根据共同的社会目标和各方面的需要而进行协调运转的社会实体；城市有继承传统文化，并加以绵延发展的使命。

以上不同学科对城市的现象、特征进行了描述和总结，使我们认识到城市的不同侧面。这些不同的侧面可以构筑起完整的城市观念。无论从哪个视角去理解城市、看待城市，城市都是人类聚集活动的中心。在漫长的城市发展过程中，人们自觉、不自觉地塑造出了各种城市空间形式。城市空间是城市社会、经济、文化与环境的复合载体，不同的城市发展时期，城市空间也呈现出不同的空间特征。我们研究城市，实质是研究城市空间的形成机制和演变规律，这也是城市规划设计的重要依据。

2. 城市的起源

城市的出现和发展是人类历史上最具有意义的事件之一，因为城市主导了人类历史的发展。关于城市形成的原因，历史学家、地理学家、社会学家、政治学家、经济学家等从不同角度进行了不同的解释。总结起来，主要有以下几点：

（1）社会分工说。随着劳动分工的不断深化，逐渐出现了城市与乡村的分离。第一次社会大分工形成了农业和以定居为主的农业居民；第二次社会大分工形成了手工业，使手工业脱离了土地的束缚；第三次社会大分工形成了商人，引起了工商业与农业的分离，从而形成了城市与乡村的分离。

（2）防御说。古代城市的兴起主要出于防御的需要，在统治者或居民集中居住的地方构筑城廓，以保护其财产和人身安全不受威胁。

（3）私有制说。城市是私有制的产物，是随着奴隶制国家的出现而出现的。

（4）阶级学说。城市是阶级社会的产物，是统治阶级用于压迫人民的工具。

（5）集市说。城市是由于商品经济的发展，居民为交换商品而形成的特定场所。

（6）宗教说。考古学家认为，在第一批城市形成之前，人类对自然神的崇拜逐步被以大规模做礼拜的天国神所取代，兴建大批的庙宇并配有专司礼仪，而人们为了朝拜的方便逐渐向庙宇周边聚集，从而引起人口的高度聚集。

从以上解释可以看出，城市在防卫、宗教和经济、技术功能的基础上都有可能建立起来，但很难说城市是由于某种单一的原因发展演变过来的，而且某一个因素的作用发挥必然会导致与其他因素的相互作用。现在的城市是历史上多种不同力量对它发生作用而累积的结果，在人类不同的发展时期，由于认知水平、建设水平的不同，形成了形形色色的城市和各具特征的城市空间。

3. 城市空间

对城市规划设计来说，最重要的研究设计对象是空间，即以土地为载体的城市空间。从城市规划设计的实际意义角度出发，一个完整的城市空间系统应该涵盖城市空间的主要属性，包括城市功能性空间、城市生态空间、城市社会空间、城市心理空间。其中城市功能性空间是最基础性的，是我们重点研究的对象。如果对城市功能性空间从空间属性来划分，可有三种地域概念：

（1）城市实体地域，以城市建城区为主。

（2）城市行政地域，是城市行政管理的范围。

（3）城市功能地域，是城市社会经济活动的区域。

城市空间是城市规划、城市设计的重要研究对象，是城市各种活动的载体，各种活动要素及其相互作用直接影响并制约着城市空间的分布格局和运动过程。空间的不同组织形式形成了不同的城市空间特征。与乡村空间相比较，其主要特征表现在以下几个方面：

（1）具有非农职能

城市与乡村的最大区别在于城市居民主要从事非农产业的生产或服务性职能，城市是为其提供生活和工作的场所。

（2）高密度的城市生活空间

现代城市非农产业的组织方式决定了城市具有聚集效应和规模效应，使城市居民生活在高密度的住宅、办公空间和公共设施中。同时对经济利益的追逐使自身的生活空间被不断地无限度压缩，并随着城市人口的增加呈现加剧趋势。

（3）高度人工化的景观

城市中的所有环境都是人造的或按照人的意志改造过的，过度化的人工景观使城市脱离自然，取而代之的是密集的建筑物、立交桥、广场、公园等，而这一城市空间的重要特征很大程度上是通过城市规划设计的手段来实现的。

一直以来，对城市空间的研究在两大领域进行。一是建筑学和城市设计领域，始终关注以物质性要素为基础的城市三维空间环境品质，目的是探索如何创造良好的城市三维空间；二是社会科学领域，注重在多种因素作用下，城市空间结构和形态的特征及其形成的内在机制，目的是为城市空间发展的引导与控制提供理论依据。

因此，城市规划专业的同学要透过城市空间的现象，深入认知城市空间的本质及其形成原因，并在此基础上进行适宜的规划设计，这是城市规划设计工作的根本，也只有这样才能让我们做的城市规划设计是真正地保持城市良好环境、满足城市发展和居民生活需要的好的设计。

1.2.2　城市规划

城市规划在美国称为"City Planning"，在英国称为"Town Planning"，在德国称为"Stadtebau"，在法国称为"Unbanism"，在日本称为"都市计划"，按照字面意思，都是指以城市为对象做规划。城市自存在以来，通过规划来建设城市也就开始了。

城市规划的历史或许可以追溯到两千多年以前甚至更早。在西方，古希腊时期就已经非常明确地记录了以米利都城市布局为典型的希伯达姆城市模式并阐述这样做的原因；在中国，成书于春秋战国之际的《周礼·考工记》记述了关于周代王城建设的制度，并对此后我国古代都城的布局和规划起了决定性的影响。这些都是人们有意识、有目的地安排城市建设活动的历史，但是这些与现代城市规划的理念有明显的不同。

现代意义上的城市规划在19世纪的中后期才初步形成，是在工业革命之后，随着现代城市产生越来越多的问题，急需要用科学的方法来解决这些问题的大背景下，才随之孕育产生的。霍华德的田园城市理论建立了现代意义上的第一个比较完整的思想体系，此后又经过近半个世纪的理论探讨和初步实践，才真正确立了现代城市规划在学术和社会实践中的地位。在20世纪20—30年代的现代建筑运动推动下，得到了全方位的探讨和推进，并在世界各地得到了最广泛的实践，形成了相对完善的理论基础和在各个主要国家建立了各自的城市规划制度。到20世纪60—70年代，在新的科学技术方法和城市研究的推进下，对原有城市规划体系进行了全面的改进，架构了当今城市规划的基本范型。由于各个国家社会经济和政治制度不同，城市规划在国家和城市的社会、经济、政治体系中的地位和作用也不尽相同，主要认识如下：

（1）美国（国家资源委员会）：城市规划是一门科学、一种艺术、一种政策活动，它设计并指导空间的和谐发展，以满足社会和经济需要。

（2）英国（《不列颠百科全书》）：城市规划与改建的目的，不仅仅在于安排好城市形体——城市中的建筑、街道、公园、公用事业及其他的各种要求，更在于实现社会与经济目标。

（3）日本（强调技术性）：城市规划是城市空间布局、建设城市的技术手段，旨在合理地、有效地创造出良好的生活与活动环境。

（4）我国在城市发展的不同阶段，对城市规划的认知也不尽相同。目前从专业角度来讲，国家标准《城市规划基本术语标准》（GB/T 50280—1998）将城市规划定义为"对一定时期内城市的经济和社会发展、土地利用、空间布局以及各项建设的综合部署、具体安排和实施管理"。

以上这些国家对城市规划的不同理解显示了各国在城市规划工作中有不同的侧重

点。《简明不列颠百科全书》提供了一个比较全面的城市规划定义，它提出，城市规划是"为实现社会和经济方面的合理目标，对城市的建筑物、街道、公园、公共设施，以及城市物质环境的其他部分所作的安排，是为塑造和改善城市环境而进行的一种社会活动，一项政府职能，或一门专业技术，或者是这三者的结合"。

根据以上的认识，我们可以看到，就整体而言，现代城市规划是建立在以城市土地和空间使用为主要内容基础之上的，城市的土地和空间以及由此形成的"城市环境"是城市规划研究和实践的主要对象。在这样的基础上，城市规划的核心内容集中在以下几方面：一是土地的使用；二是城市空间的组合；三是实现土地使用配置和城市空间组合的方式和手段。

因此，我国城市规划的任务是为了实现一定时期内城市的经济和社会发展目标，确定城市性质、规模和发展方向，合理利用城市土地，协调城市空间布局和各项建设所作的综合部署和具体安排。城市规划是在确保城市空间资源有效配置和土地合理利用的基础上，建设城市和管理城市的基本依据，是实现城市经济和社会发展目标的重要手段之一。

我国现阶段城市规划的基本任务是保护、创造和修复人居环境，保障和创造城市居民安全、健康、舒适的空间环境和公正的社会环境，达到城乡经济、文化和社会协调、稳定、永续的和谐发展。

1.2.3 城市设计

自古到今，城市设计跟城市规划的发展一脉相承，也经历了三个主要发展阶段：

第一阶段，工业革命以前，城市规模较小，功能单一，发展速度缓慢，任何城市都可以按照"建筑"的方式进行设计和建造，城市设计是建筑师的领域，此时期许多著名的城市都是由建筑师设计建造的。

第二阶段，工业革命以后，城市急剧膨胀，城市性质发生根本性变化，使城市无法再按照一个静态的建筑进行设计。于是从社会关系入手，以土地利用为手段的城市规划作为驾驭城市发展的一种新生力量开始为国家和政府所运用。自此，建筑学逐步演化为注重于建筑工程的艺术与科学，城市规划逐步走向与社会经济规划相结合的城市宏观控制，而对于城市环境及公共空间的设计建造则由城市设计来完成。此阶段城市设计的主要内容是城市环境设计。

第三阶段，二战以后，由于城市特征又有了悄然变化，城市不仅是人们赖以生存的物质环境，也是人类发展的精神场所和生活摇篮。为适应城市社会生活的发展，在环境设计的基础上，城市设计又有了进一步"外延发展"和"内涵深化"。所谓"外延发展"是指城市设计不以城市物质环境设计为终极目标，而是包括总体发展、规划设计、建设实施、使用管理乃至更新改造的全过程。它通过一连串的决策过程，最终落实为城市社会生活质量的改善。城市设计作为一种完善社会生活的手段，既可表现为城市的开发政策、设计控制原则，也可表现为某一环境项目的设计。正因为此，现代城市设计已扩展到城市领域可能涉及的如社会学、经济学、心理学、行为科学、生态学、地理学及景观学等各个领域，这些领域的相关内容都成为现代城市设计必须研究的内容。

"内涵深化"，简言之，即城市设计涉及"人"的问题，最终实现的是人对城市环境的感知体验过程。城市设计在满足人们现实生活需要的同时，还应具有提供今后各种发展变化的可能性。

由此可见，与前两个阶段相比较，现代城市设计包含了城市物质环境设计和社会系统设计两个层面。作为物质环境设计，城市设计表现为由多阶段组成的设计过程；作为社会系统设计，又表现为政治、经济、法律的连续决策过程和执行过程。这种过程属性使得现代城市设计更侧重于通过一系列的调控体系来对城市形体环境和公共空间建设进行控制和干预，以塑造理想的城市。在此基础上，世界各国也形成了各种各样的城市设计的调控方法和途径。城市规划、城市设计、建筑设计也在各自的领域为理想的城市环境目标起着不同的作用。

1.2.4 城市规划设计

城市规划设计是城市规划与城市设计的融合。城市规划与城市设计在本质上有共同之处。在第一阶段工业革命之前，城市规划与城市设计一脉相承；第二阶段工业革命以后，城市规划、城市设计、建筑设计开始分道扬镳，城市设计主要负责城市环境及公共空间的设计建造（图1-1）；第三阶段的现代城市设计阶段，城市设计有了广度和深度的发展，城市规划仍是其研究城市空间设计的基础（图1-2）。

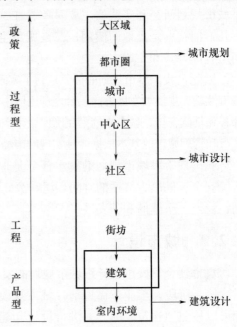

图 1-1 城市规划、城市设计、建筑设计的领域范围

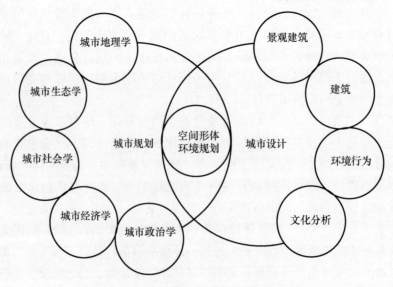

图 1-2 城市规划与城市设计关系示意图

1.3　城市规划设计的作用

城市是人类文明与文化的象征，各个时代城市规划的目的却有所不同。影响城市规划设计的因素很多，主要是经济、军事、宗教、政治、卫生、交通、美学等。古代城市规划设计多受宗教、防卫等因素的影响，现代城市规划设计则多受社会经济的影响，使城市变得愈加复杂。因此 2015 年召开的"中央城市工作会议"指出现代城市工作是一个系统工程，需要统筹规划、建设、管理三大环节，提高城市工作的系统性，要用科学态度、先进理念、专业知识去规划、建设、管理城市。城市工作要树立系统思维，从构成城市诸多要素、结构、功能等方面入手，对事关城市发展的重大问题进行深入研究和周密部署，系统推进各方面工作。

一般来说，城市规划体系是由城市规划的法规体系、行政体系和运行体系三个子系统组成。城市规划的法规体系是城市规划的核心，为城市规划工作提供法律基础和依据，为规划行政体系和运作体系提供法定依据和基本程序；城市规划的行政体系是指城市规划行政管理的权限分配、行政组织架构及行政过程的全部，对规划的制订和实施具有重要的作用；城市规划的运行体系是指围绕城市规划工作建立起来的工作结构体系，包括城市规划的编制和实施两部分，它们是城市规划体系的基础。

城市规划设计作为城市规划运作体系的重要组成部分，是政府引导和控制未来城市发展的纲领性文件，是指导城市规划与城市建设工作开展的重要依据。具体而言，城市规划设计主要有三方面作用：

1. 实现对城市有序发展的计划作用

城市规划从本质上讲是一种公共政策，是城市政府通过法律、规划和政策以及开发方式对城市长期建设和发展的过程所采取的行动，具有对城市开发建设导向的功能。城市规划设计作为技术蓝本，根据城市整体建设工作的总体设想和宏伟蓝图来制订和执行，并结合城市区域内的政治、经济、文化等实际情况将不同类型、不同性质、不同层面的规划决策予以协调并具体化，以有效保证城市整体建设的秩序。

2. 实现对城市建设的调控作用

城市规划在经过相当长历史阶段的发展过程之后，尤其是通过理性主义思想在社会领域的整合，已经成为城市政府重要的宏观调控手段。尤其是对城市空间的建设和发展更是保证城市长期有效运行和获益的基础。城市规划设计作为城市规划宏观调控的依据，其调控作用主要体现在：

（1）通过对城市土地使用配置的合理利用，即对城市土地资源的配置进行直接控制，特别是对保障城市正常运转的市政基础设施和公共服务设施建设用地的需求予以保留和控制。

（2）市场经济体制下，城市的存在和运行主要依赖于市场。市场不是万能的，在市场失灵的情况下，处理土地作为商品而产生的外部性问题，以实现社会公平。

（3）保证土地在社会总体利益下进行分配、利用和开发。

（4）以政府干预的方式保证土地利用符合社会公共利益。

3. 实现对城市未来空间营造的指导作用

城市规划设计的主要研究对象是以土地为载体的城市空间系统，规划设计是以城市土地利用配置为核心，建立城市未来的空间结构，限定各项未来建设空间的区位和建设强度，使各类建设活动成为实现既定目标的实施环节。通过编制城市规划设计对城市未来空间营造在预设价值评判下进行制约和指导，成为实现城市永续发展的有力工具和手段。

1.4 城市规划设计的类型

1.4.1 城市规划编制的总体框架

改革开放以来，规划界在城市规划编制工作方面做了大量有益的探索，思想逐步解放，观念不断更新，取得了很好的效果。城市规划编制是根据城市区域范围内的地位和作用，对组成城市的众多要素进行组合或调整，以求得最合理的城市结构和外部联系。

目前我国城市规划的编制体系由两个部分组成：一是法定规划部分，按照2008年颁布的《中华人民共和国城乡规划法》的规定而开展的规划设计工作，这些规划设计工作是每个城市必须要开展的，因此成为"法定规划"；二是"法定规划"之外的与城乡发展密切相关的其他规划类型和专项规划，是对法定规划的深化和细化。

1. 法定规划部分

根据《中华人民共和国城乡规划法》第二条规定，城乡规划包括城镇体系规划、城市规划、镇规划、乡规划和村庄规划。其中城市规划和镇规划分为总体规划和详细规划。详细规划又包括控制性详细规划和修建性详细规划。

其中，城镇体系规划、城市规划、镇规划、乡规划和村庄规划是按照规划对象的空间尺度大小来划分的。城镇体系规划按照区域空间范围又可分为全国城镇体系规划、省域城镇体系规划、市域城镇体系规划和县域城镇体系规划，其规划对象是一定区域内一系列城镇和与之密切相关的区域整体；城市规划和镇规划是以单个城镇为规划对象；乡规划和村庄规划的规划对象是乡村聚落和居民点。

总体规划和详细规划是城市规划和镇规划的不同编制阶段。总体规划主要根据城市社会经济可持续发展的要求和当地的自然、经济、社会条件，对城市性质、发展目标、发展规模、土地利用、空间布局及各项建设的综合部署和安排，此规划编制阶段还需编制分区规划和近期建设规划；详细规划是在总体规划和分区规划的指导下，对规划区的具体建设提出详细的安排和布局，又分为控制性详细规划和修建性详细规划。

图 1-3 所示为城乡规划的法定规划编制体系。

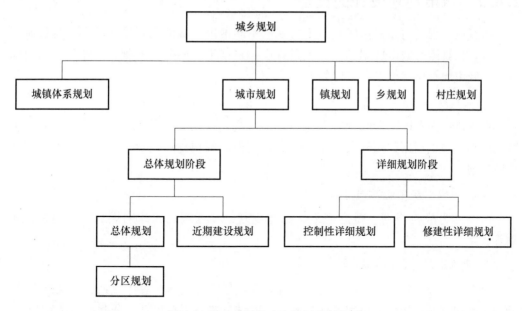

图 1-3 城乡规划的法定规划编制体系

2. 非法定规划部分

除了城乡规划法规定的上述法定规划部分的工作之外，还有大量的规划设计工作与城乡发展密切相关，作为法定规划重要的、有益的补充，与法定规划共同组成一个有机的整体，构成了完整的城乡规划编制体系，称为非法定规划。非法定规划不是法律规定的，不具有法律地位。但绝大部分非法定规划是城市政府、规划主管部门为了解决自身城市存在的问题而组织编制的，这一类型的规划在编制要求和方法上更具特色。总结来看，非法定部分的规划设计可以分为三类：

（1）国土空间规划和区域规划

这类规划面向更大尺度的区域系统，是政府统筹安排区域空间开发、优化配置国土资源、调控经济社会发展的重要手段。它们是城市规划的上位规划，对城市规划具有重要的指导性和约束性意义。

（2）部门规划和专项规划

这类规划面向城乡空间发展的某一个子系统，解决该系统与城乡发展相关的空间问题，对城乡发展的某个领域提出空间上的安排。这类规划是城乡规划的有机组成部分，与城乡规划具有紧密的联系。例如城市交通与道路系统规划、城市生态规划、城市绿地系统规划等。

（3）城市设计

城市设计是根据城市发展的总体目标，融合社会、经济、文化、心理等主要因素，对城市空间要素做出形态示意，制订出城市物质空间形态设计的政策性安排。城市设计是城市规划的重要内容，与城市规划的各个阶段均产生紧密的衔接，其规划对象的尺度有区域、城市、片区、街区、地段、节点等多个层次。

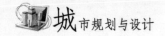

1.4.2　城市规划设计的类型

随着城市规划内涵的拓展和城市发展的不断推进，城市规划设计的类型变得越来越丰富。在具体的城市规划工作开展过程中，根据不同的分类原则、工作需求和空间尺度，城市规划设计可以有多种分类。

1. 按照规划对象的空间尺度

在区域层面有国土空间规划和主体功能区规划；在城市层面有城乡总体规划、分区规划和小城镇规划；在开发控制层面有控制性详细规划；在建设实施层面有修建性详细规划。

2. 按照规划编制的不同阶段

可以分为战略规划、概念规划、总体规划、分区规划、详细规划、近期建设规划等。

3. 按照规划对象的专业属性

可以分为综合规划和专项规划。综合规划包括区域规划、总体规划、分区规划等；专项规划包括城市历史文化遗产保护规划、旧城改建与更新规划、公共服务体系规划、城市风貌特色规划、城市色彩规划、城市照明规划、低碳生态城市规划、城市地下空间规划、城市防灾规划等。

4. 按照规划对象的空间类型

可以分为住区规划设计、中心区规划设计、产业园区规划设计、校园区规划设计、风景区规划设计等。

此外，还有以某种规划理念为主导的规划设计，如城乡一体化规划、城乡统筹规划、新型城镇化规划、生态型城镇规划等。

1.5　近年来城市规划设计发展的新趋势

通过对十八大之后历届中央会议的梳理，可以看出国家对城市建设和管理提出了清晰且明确的要求：（1）把生态文明放在突出位置，实现国土空间开发格局的优化；（2）空间治理体系由空间规划、用途管制、差异化绩效考核等构成；（3）空间规划以用途管制为主要手段，以空间治理和结构优化为主要内容；（4）下一步要通过规划立法、统筹行政资源，实现国家治理体系的现代化。

这些新的执政理念对城市规划改革提出了具体要求，当前城市规划改革面临两个主要任务：（1）以提高国家治理能力现代化为目标的任务，建立国家空间规划体系，对现行城市总体规划编制进行改革；（2）以人的宜居为目标的城市发展方式转型的任务，加强城市设计，提倡城市修补，把粗放扩张型的规划转变为提高城市内涵质量的规划。

近些年，规划界积极响应这些国家层面的变革，无论是在法定规划层面还是在非法定规划层面都做了积极的探讨和摸索，主要有以下几方面：

1. 法定规划层面将乡村规划纳入编制体系

2008 版《城乡规划法》将城市—乡村纳入统一规划编制体系，确定了"五级、两阶段"的城乡规划体系，即城镇体系、城市、镇、乡、村五级和总体规划、详细规划两个阶段，这是我国规划编制体系最大的变革。这将引导城乡规划从城乡统筹的视野进行探索和实践，改变过去"重城轻乡"、城乡"两张皮"的规划现象，使规划对全域范围进行空间管控有了法律基础。

2. 建立以空间规划为平台的规划编制理念、方法、内容

在改革规划编制体系的基础上，针对空间规划做了编制理念、方法和内容上的探索，明确了总体规划阶段的战略性目标，加强了总体规划阶段空间规划的刚性要求。如覆盖市域的空间规划、划定城镇空间、生态空间、农业空间、生活空间；明确城镇开发边界，实现以城镇建设用地和农村建设用地的"两图合一"为主的"两规合一"；通过划定规划目标、指标、边界刚性、分区管控的方式，明确城市总体规划的战略引领，底线刚性约束；重要专向规划简化提炼，明确刚性要求和管控内容；规划内容和要求"条文化"，内容明确，遵循可实施、可监管的基本原则。

因此，按照城乡一体化发展要求，统筹安排城市和村镇建设，统筹安排人民生活、产业发展和资源环境保护，统筹安排城乡基础设施和公共设施建设布局，努力实现城乡规划的全覆盖、各类要素的全统筹、各类规划在空间上的全协调。

3. 深化城市设计工作的管理、实施

针对目前城市空间品质不高、"千城一面"的现象，需要在规划理念和方法上不断创新，增强规划的科学性、指导性，加强城市设计，提倡城市修补，加强对城市的空间立体性、平面协调性、风貌整体性、文脉延续性等方面的规划和管控。这就为在规划的各个阶段贯穿城市设计的思想提出了具体要求。区域层面，明确区域景观格局、自然生态环境与历史文化特色等内容；总体规划层面，需确定城市风貌特色，优化城市形态格局，明确公共空间体系，建立城市景观框架，划定城市设计的重点地区；重点地区层面，明确空间结构，组织公共空间，协调市政工程，提出建筑高度、体量、风格、色彩等方面的控制要求，作为该地区控制性详细规划编制的依据。通过各个空间层面的落实，使城市设计能真正发挥其应有的作用，成为城市内涵发展的重要抓手，以及城市精细化管理的重要手段。

4. 加强城市空间生态化建设的研究、落实

城市双修（生态修复和城市修补）是国家针对城市问题提出的城市建设策略，旨在引导我国城镇化和城市空间转向内涵集约高效发展的方向。城市修补是针对城市基础设施和公共服务设施建设滞后、空间缺乏人性化等问题进行的城市空间品质提升策略，这不仅是城市空间环境的修补，更是城市功能的修补；城市生态修复是针对生态系统遭受的污染和破坏、城市公共绿地不足等问题进行的全面综合的系统工程。城市生态环境具有生态安全性和惠民性的双重要求，以此来改善人居环境和促进城市功能提升，促进城市与自然的有机融合。

第2章 城市发展与城市空间变迁

要对城市空间进行规划和设计，首先需要对城市空间有所认知。城市规划设计是直接处理城市空间中的各种设施和人类物质环境的设计，因此，对于有关城市及城市空间变化的各种过程，需要作为与其自身相关联的体系去理解。

城市不是一成不变的，它表现出一种动态的地域演变发展过程。这种演变过程受社会经济变化的影响，由城市功能的变化带来城市结构形态上的变化造成的。随着社会进程的加快，这种变化更为频繁。在城市发展的历史长河中，社会经济的发展在很大程度上决定了城市发展的阶段性。人类社会的经济发展大致经历了三个阶段：一是产业革命之前，以农业为主导的时期，称为农业经济时代；二是产业革命后，以工业为主导的时期，称为工业经济时代；三是微电子技术革命后，以高科技技术为主导，称为知识经济时代。对应于各种经济形式下的城市发展，以农业经济时代为起点，在第二个阶段工业经济时代，又先后经历了城市化、郊区化、逆城市化三个发展过程，最后发展到知识经济时代，城市出现新的集聚与分散特征。

2.1 农业经济时代的城市空间特征

城市的形成与发展是一个漫长而连续的过程。第一批城市诞生于公元前4000至公元前3000年，是在原始社会向奴隶社会转化的过程中产生的。由于当时生产力水平低下，城市发展进程缓慢。

中古时期的城市发展是以封建制度的产生和发展及其内部自然经济向商品经济的逐步转化作为线索的。由于世界各国封建制度的进程不一致，呈现出各地封建城市的多样性。但因封建社会经济基础的一致性，都是一种自然经济、农业和家庭手工业相结合的主要经济特征，生产力发展水平有限，城市经济活动局限于小型家庭企业范围，所以从整体上看城市发展进程缓慢，并具有一些相同的特征。

2.1.1 农业经济时代的城市空间结构特征

对于绝大多数的古代城市来说，由于受到生产力水平的限制，在外部空间环境发生改变的情况下，城市总是以一个平缓的过程去适应和完善。

美国学者吉迪·肖伯格（Gideon Siobeng）曾试图从世界范围内概括出一个统一的模式。他在1960年出版的《前工业城市：过去和现在》一书中，通过对大量前工业社会城市空间结构的研究，总结出工业社会之前的城市基本相同的空间结构特征：

(1) 大多数城市坐落于有利于农业、防御和贸易的地方。

(2) 大多数城市有城墙环绕。

(3) 宗教在城市自然布局和社会结构方面占主导地位。

(4) 城市中心大多有广场，其四周是宗教建筑和行政办公类建筑。

(5) 从广场中心放射出道路，紧靠中心区是统治阶层和社会上层人员的居住区。

(6) 城市边缘及城墙外侧是平民和下层社会人员居住的区域。

(7) 城市统治周边的农业地区，从农民那里获得粮食。

从总体上看，人类社会历史中前工业化时期的城市，城市结构具有相当的稳定性，城市构图也更富于传统性和习惯性。

2.1.2　农业经济时代的城市形态特征

城市物质形态是由各类建设活动，在时间维度中叠合拼接而构成的，但就古代城市发展的整体而言，其城市空间扩展与形态变化的速度非常缓慢，而且这些古代城市的平面形态多种多样，但有一个跟今天城市情况截然不同的明显特征——城市与乡村有一条明显的界限，这条界限是城市与乡村存在巨大差别而形成的，它能保护城镇不受外来攻击，也能保护城市周围的自然景色免遭城镇破坏，它实际上成为城市形态的限定线。这个特征在中西方城市形态特征中无一例外。甚至在资本主义萌芽的文艺复兴时期，理想城市的方案仍表现出这种城市形态的静态性。

2.2　工业化时期的城市空间特征

2.2.1　工业革命发生的社会历史背景

1. 城市文明的兴起

现代城市的形成与发展奠基于中世纪后期的城市文明。中世纪被后人称为"黑暗的时期"，其主要原因在于基督教对世俗社会的全面统治。到了中世纪的中后期，欧洲地域上开始出现两股力量不断推进城市的发展。这两股力量就是以威尼斯为先导的意大利城市文明的兴起和北欧的殖民与海上贸易，为以后的城市转型奠定了基础。随着城市尤其是以商业为代表的城市经济的不断发展，城市自治的特征越来越明显。商业的繁荣是中世纪后期城市兴起的关键。

商业的发展，推动了市民阶层的形成和发展。随着商业和贸易的不断发展，出现了以商人为代表的市民阶层，他们是城市中最年轻的阶级。随着城市商人的财富增长、人数增多，社会地位也不断上升，他们以行会的形式组织起来，对内进行自我管理，对外争取权利，期望从法律和秩序中获得更大发展的空间和利益。在这样的基础上，逐步出现并形成了城市市民自治的格局。城市市民自己管理城市，逐步形成和完善了被称为市民社会三要素的相互关系：贸易（市场）、市民和政府。城市和市民自治制度体系的推进和完善，有力地推动了中世纪后期城市的发展，在经济、政治上为工业化的资本主义社会的形成奠定了基础。

2. 资产阶级革命的胜利

城市商人通过集聚财富在经济和社会管理方面的能力不断提高，现代意义上的资产阶级开始形成。这一阶级的兴起，改变了西方社会中的政治结构和力量平衡。进入到15世纪、16世纪后，城市文明出现重大变化，原先独立自治的特征越来越弱化直至逐步地消失，现代民族—国家开始成形，新的资本主义精神取代了原有的城市组织和城市精神，强调竞争、冒险和对利益的追求高于一切。刘易斯·芒福德（L. Mumford）在《城市发展史》中写到："资本主义的自由是指逃避一切保护、规章、社团权利、城镇边界、法律限制和乐善好施的道德义务。每个企业都是一个独立的单位，把追求利润置于所有社会义务之上，高于一切。"资产阶级开展了一系列艰苦卓绝的斗争来争取自己的利益和社会统治权，最终获得了成功。

资产阶级革命经历了英国革命、启蒙运动和法国革命三个阶段近两个世纪的不断斗争，才宣告全面胜利，至此资本社会制度全面形成。这些革命奠定了西方主要国家的政体结构及其基础，既是现代城市规划形成的社会政治基础，同时也是工业革命奠定现代化—系列变革的基础。

3. 工业革命的推进

所谓工业革命指的是18世纪以来最先在英国物质生产领域出现的生产工具、劳动方式及相应的经济组织形式的大变革，其意义与影响远不止经济，而直接涉及社会结构、法律制度、阶级关系、价值理念乃至大众生活方式，是一场深刻的革命，在社会整体发展上具有划时代的意义。

工业革命的前提条件是商品经济有长足发展，即以机器为工具，以蒸汽为动力，以煤、铁为原料，以工厂为劳动组织，以国际为市场，以大众为对象的大规模的商品生产。商业革命的首要特点在于世界贸易的商品发生了变化。新的海外产品成为欧洲的主要消费品并由此带来贸易量的显著增长。商业革命在许多方面直接影响了工业革命的出现和形成。首先，它为欧洲的工业提供了很大的且不断扩张的市场；其次，大规模的商品生产需要高效的机器来完成，新型生产方式的出现就变得尤为重要；再次，它为工业革命提供了资金保障。

发生在16世纪前后的意大利文艺复兴运动把人从神的压迫下解放出来，使"人"又重新开始认识自然宇宙，并进行不断的探索，通过观察和实验研究获得对自然的系统知识。随着哥白尼、牛顿、达尔文等科学家对自然发展规律认知的不断深入，深刻影响了西方社会的生活方式和思维模式。而此时期的地理大发现，更是促进了西方社会商业经济的发展，商业革命深入的同时为欧洲的工业革命开拓了广阔的市场。为满足这些新市场的需求，工业开始寻求更有效的生产方式和管理模式，同时为提高生产效率而着手改进技术和创造发明，这些都为工业革命的到来做好了全方位的准备。

在具备了资金、技术、人才和土地的条件下，工业革命势不可挡，拉开了现代城市发展的序幕。图2-1所示为英国伦敦早期资本主义商业城。

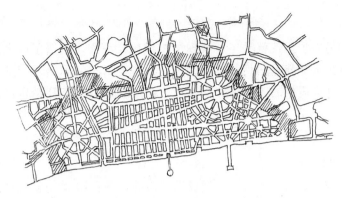

图 2-1　英国伦敦早期资本主义商业城

2.2.2　工业革命所带来的城市发展

工业革命使西欧各国从农业经济逐步演变为工业经济，大机器生产使得工业蓬勃发展，大量人口被吸引进城，新来的移民一般在原有市区周围的工厂周边居住，人口稠密，居住区房屋鳞次栉比，城市空间开始以空前的速度向外扩张。分析此时期城市快速发展的原因，主要有以下几点：

1. 人口增长

城市增长的动力之一是城市人口的增长。其主要表现在两个方面，一是迅速上升的自然增长率；二是大规模移民数量的增加。

19 世纪的英国工业革命促成了大规模的城市化。1801 年，英国有大约 1/5 的人口居住在城镇中，而到了 1901 年，居住在城镇中的人口占到了 4/5。在美国也是如此，美国独立战争后，城市人口呈爆炸式增长，在 1790—1860 年间，城市人口从占美国人口的 5％上升到 20％；在 1860—1910 年间，美国总人口增加了 1 倍，而城市人口则增加了差不多 6 倍。表 2-1 为 19 世纪世界部分大城市人口增长一览表。

表 2-1　19 世纪世界部分大城市人口增长一览表（单位：千人）

城市	1800 年	1850 年	1880 年	1900 年
纽约	64	696	1912	3437
伦敦	959	2681	4767	6581
东京	800	—	1050	1600
莫斯科	250	365	612	1000
上海	300	250	300	600
悉尼	8	60	225	482

2. 农业生产率提高

受工业革命影响，农业机械化程度大大提高，使得农村劳动生产率更高，农民有更多的时间去从事农业之外的其他工作，而这些工作大多数在城市。这就是农村剩余劳动力逐渐转化为城市居民的过程即城市化。

3. 工业化生产

工业革命的另一个成就就是工厂实现了机械化大生产，创造了巨大的劳动力需求市场，也带动了巨大的就近居住需求。大规模制造业增长的同时也带来了现代企业的增长，城市中出现大规模的工厂区和居民区，由此创造的生产和消费产品的剧增又促进了城市服务业的发展，一系列的增长变化使得城市人口不断集中、城市规模不断变大。

4. 低成本交通

与此同时，城市的增长还得益于低成本交通的发展。19世纪初发展的铁路和轮船技术使得城市可以进入更远的腹地，以获取原材料和农产品并将生产出来的商品运往各地的市场。交通条件的改善为城市进一步开疆拓土提供了可能。

以上提到了四个动力因素——人口增长、农业生产率提高、工业化生产和低成本交通，足以解释城市人口的迅猛增长，但它们还不能完全解释19世纪城市形成的深层次经济原因。

19世纪城市形成的原因是什么？多数的观点认为是交通技术的发展。在19世纪初，成熟的造船技术使得水运很便宜，陆运很贵，帆船的运输成本是马车运输成本的1/10，而海运的运输成本较之帆船更低，这种成本差异影响的结果之一就是港口城市的增长，另一个影响结果就是经济活动集中在水运能直接到达的区域。此时城市内部的交通工具仍以马车为主，使得城市内部以工作地与居住地集中在一起形成聚集。

19世纪20年代出现的铁路技术延续了这一集聚效应，长距离的铁路运输成本与陆运相比是很低的，所以有铁路通过的城市为制造商和零售商节约了大量成本，围绕着铁路站点及其周边区域也成为城市高度集中的地区。蒸汽火车为中产阶级的通勤者在离市中心25km的范围内提供了方便的联系，沿交通线路形成了典型的触须式城市发展形式，每个车站周围发展起一片新区；电气火车的出现比蒸汽火车更有效，设站更多；而公共汽车提供了一种更为快速的公共交通服务，沿现有道路可以通达任何方向。城市便这样在不断发展的交通技术下自由扩张。

2.3 郊区化及现代城市空间结构的形成

如果说18世纪末开始的工业革命是以工业制造业的发展为特征，电气化及大规模生产的出现则是工业经济发展至第二阶段的标志。此阶段，以钢铁、电力技术为标志的第二次技术革命极大地推动了工业化的进程。随着工业化的纵深发展，工业经济进一步发展并逐步过渡到第三产业经济，西方国家则开始进入后工业经济时期。此阶段，城市发展进入稳定增长的阶段，城市空间扩张仍在继续，并在一个越来越大的地域内延伸，中心城市与周围郊区在功能上紧密相联，住宅、工作场所和商业、娱乐设施的空间分布范围比过去更广。这使得城市从19世纪的高密度城市变为20世纪的低密度郊区化城市。

2.3.1　郊区化趋势

所谓郊区化是指人口、就业岗位和服务业从大城市中心向郊区迁移的一种离心分散化过程，是整个城市化过程中的一个阶段。这里的郊区是指城市化地区核心以外的城市边缘。郊区化的实质是城市"离心力"超过"向心力"，推动城市人口及职能由市区向郊区扩散转移的过程。因为资本、人口、生产和生活活动向城市集中超过一定限度，城市的弊端就开始抵消掉它的优点，分散现象开始出现。

20 世纪中期以后，随着大城市发展，市中心区土地短缺矛盾日益尖锐，私人汽车的普及大大扩大了人类的居住范围，计算机、电子信息技术的发展也形成了一种新的扩散力。在这些因素的推动下，西方发达国家的大城市大致经历了四次从城市中心向郊外扩散的浪潮，分别是人口的郊区化、制造业的郊区化、零售业的郊区化和办公业的郊区化。从各国城市发展的实态上看，其郊区化的进程和时间不一致，情况也有差异，大致有以下 3 种情况：

1. 中心区衰落，郊区化迅猛发展

主要在西欧、北美、北欧等工业发达国家，以美国最为典型。美国是小汽车普及最早的国家，居民为追求良好的居住环境，纷纷从市区拥挤、肮脏、喧嚣的恶劣环境中逃离出去，在郊区优美宁静的环境中购置新居，开始了现代郊区化的进程。人口的郊区化牵动着美国经济活动的重心逐步转向郊区。商业活动首先跟随消费者向郊区转移，随之其他行业如制造业、服务业也纷纷转向郊区，郊区的就业数量不断扩大，而市中心的就业数量则大大减少。例如洛杉矶的城市人口有 1450 万人，而市中心人口仅有 300 万人，其余超 1100 万人已扩散到 5180km² 的行政辖区范围，形成 210 个市，各市生产、生活相对独立，市与市之间有高速公路连接，形成了新的城镇空间。

2. 中心区停滞，郊区急速发展

这种情况主要出现在二战前德国、日本等国家。由于受到二战的影响，这些国家与西欧北美相比，郊区化起步较晚。二战前德国的城市普遍按同心圆式结构发展，市中心区的城市人口、建筑、交通高度集中，郊区化发展相对迟缓。1960 年以后，大城市才开始郊区化进程，城市空间外延扩展逐步占据主导地位。

按时间序列，最早开始的是居住郊区化，接着是工业的郊区化，商业郊区化最晚。但德国城市因郊区化而带来的外部地域空间扩展并非按同心圆模式向外扩散，只有区位良好、交通方便、接近消费市场的郊区才具有更大的吸引力。因此多数情况下，人口和功能设施沿着向外放射的交通轴线蔓延，形成不规则的几何图式。

3. 市中心区与郊区同时发展

这种情况主要出现在苏联、东欧国家和部分新兴的工业化国家。这些国家的郊区化有一个共同的趋势，即是以制造业的疏散开始的。这些以社会主义为主的国家，工业生产被置于最优先的地位，工业设施的建立对城市空间布局有重要意义，它往往是郊区化的先导。但这些国家整体上还处于城市化蓬勃发展的时期，所以中心区和郊区都在发展。

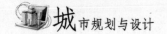

2.3.2 城市空间增长模式的改变

郊区化产生的直接后果是市中心区密集的人流和设施开始向外围疏散，地域内部的人口和产业布局向均衡方向发展；产生的间接后果是城市面积不断扩大。因此，郊区化低密度蔓延成为 20 世纪城市空间增长的主导方式，同时也导致了城市结构的变化，使工业化时期形成的高密度无序聚集的城市空间格局逐步从中心城市出现疏解，向结构较为有序的低密度郊区化城市转变。

同时，由于二战后现代城市规划理论开始指导实践，各国开始有目的地引导城市发展，使得各国的郊区化发展沿着一个较为理性的轨道发展。这些规划干预措施有：以英国伦敦为代表的以城市环形绿带来控制城市发展的大伦敦规划，同时借鉴伦敦规划经验的还有东京、巴黎等城市，大伦敦规划中在外围农村还实施了卫星城和新城建设战略（图 2-2、图 2-3），以哥本哈根为代表的城市郊外轴线的开发措施等（图 2-4）。

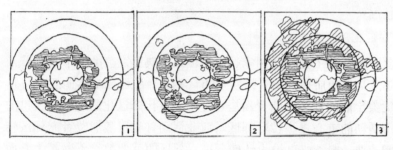

图 2-2　1944—1964 年伦敦绿带的变化

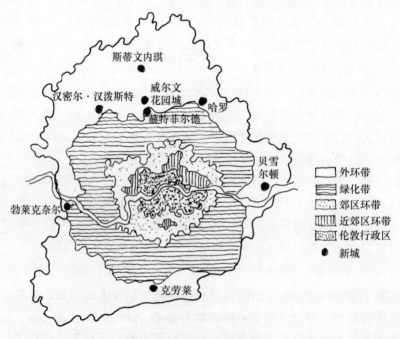

图 2-3　大伦敦卫星城分布

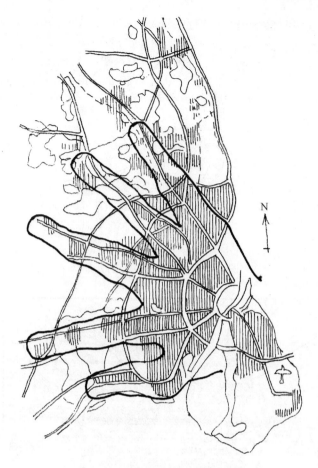

图 2-4　大哥本哈根的"指状规划"

2.3.3　现代城市空间结构的形成

20 世纪后，促进城市发展的离心力出现，郊区化就是这种离心力作用的产物。其结果是使大城市向更为广阔的地区扩展，现代大城市区逐步形成。而这期间，在城市化和郊区化的双重作用下，城市空间结构发生了巨大的变化。

1. 从单中心结构到多中心结构

从 20 世纪 60 年代开始，在大城市内部布局形态上，封闭式单一中心的城市布局逐渐为开敞式多中心城市布局所取代。从世界各国的实践看，日本东京中心区周边的副中心（图 2-5）、法国巴黎郊区副中心（图 2-6）以及莫斯科的多中心分片式结构（图 2-7），都是这个时期典型的空间结构形式。

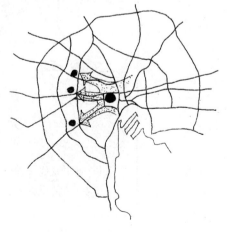

图 2-5　东京都中心与
副中心示意图

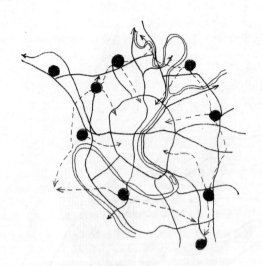

图 2-6 巴黎近郊副中心的分布

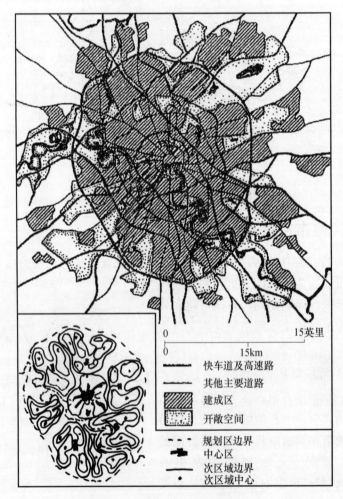

图 2-7 莫斯科 1971 年的规划总图

以上这三种多中心结构对应着三种形式：一是市中心区边缘副中心，即在大城市中心区的边缘，郊区公路入城的终点上建立副中心，以市级规模的商业及现代化服务设施，分化大城市中心的功能；二是郊外副中心，即在郊区交通干线的交点上，在开发大城市郊区的同时建立郊外副中心，以市级规模的商业及现代化服务设施，截住通往大城市中心的人流；三是分区片副中心，即在分化大城市中心功能的同时，分化大城市空间，建立综合平衡下的分区就地次平衡结构，这种结构是大城市不可分割的部分，保持着相对的独立性，从而改善环境，分散城市人口及其活动（图 2-8）。

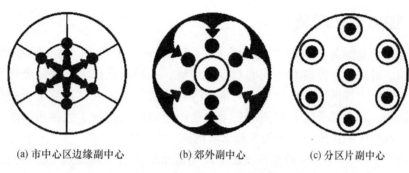

(a) 市中心区边缘副中心　　　　　(b) 郊外副中心　　　　　(c) 分区片副中心

图 2-8　城市多中心结构形式

由此可见，多中心结构不仅意味着城市中心功能的分化，而且在此基础上也可以是城市空间的分化及城市交通流量的分化。

2. 从功能混杂到功能分区

郊区化趋势的出现，使各种设施高密度的中心区出现松动，随着部分居民、工厂、商业设施的郊迁，使旧城可进行用地结构性调整，各种功能区进一步纯化，城市用地的均匀性增强。

3. 就地次平衡结构的建立

就地次平衡结构在城市整体结构布局中，只是作为一种局部地域功能布局的组织方式，它是城市功能分区思想的延伸和发展，次结构本身也由不同的功能组合而成。常见的集中就地次平衡结构形式有：

（1）副中心：主要起着分化城市中心的功能作用，以文化娱乐、商业、服务业、办公及居住等相结合的功能为主，是综合区产生的原型。

（2）综合区：这是就地次平衡结构中最常见的表现形式，由工业居住综合区、居住商业综合区、文化居住综合区、行政办公与居住综合区等形式。

（3）郊区亚中心区：在郊区化后期，虽然分散建设还在继续，但在以前的低密度郊区开始出现城市功能再次集中的趋势，在郊区出现所谓的亚中心，拥有办公、旅馆、购物和娱乐等设施，也是一种就地次平衡结构的形式。

郊区化使现代大城市不断向外扩大地域范围，并使中心区与郊外从经济上和社会上形成具有整体关系的城市地区，这样就产生了都市区。都市区的产生标志着大城市地区结构的形成。

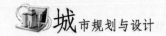

2.4 逆城市化与城市空间结构形态的变化

20世纪70年代以后，欧美城市空间又出现一些新变化。一方面市区的持续衰退导致政府开始干预，市区重建使内城局部空间形态发生变化；另一方面郊区化在一个更为广阔的地域不断蔓延，使大城市地区的空间结构形态走向群体化。而产生这种状况的原因是逆城市化。

2.4.1 逆城市化现象

逆城市化是美国著名地理学家贝里（B. J. L. Berry）于1976年根据美国城市发展情况提出的。目前学术界尚有不同的观点和理解。一种观点认为，逆城市化是大都市区人口减少，非大都市区人口增加，大都市区向非大都市区人口迁移显著的过程；另一种观点认为，非大都市区人口的增长主要是由于郊区化越过了大都市区的界限，但因为靠近大都市区的边缘，应视为大都市区的进一步发展。

从20世纪80年代以后的城市发展实际情况来看，后一种观点更能得到证明。首先是人口进一步相对向大城市地区集中；其次从更为普遍的意义上看，城市内部人口及就业岗位的分布扩散范围更广，甚至扩散到大城市区外的农村地区；其三，由前两者导致的大城市功能区进一步分散即内城的衰退。

因此，从主流上看，逆城市化在某种程度上是郊区化的纵深发展，是人口、就业岗位在更为广阔的地域扩散的一种过程；在逆城市化阶段，大城市功能区内出现内城分散衰退现象，与外围边缘中小城市的迅速发展是相辅相成的。

2.4.2 城市空间结构与形态的变化

从空间结构和形态上看，可以认为逆城市化阶段是城市收敛与发散两种形式并存而扩散的过程，城市形态从局部到整体都呈现出新的变化特征。

1. 内城衰退与市区重建

人口及就业的广域扩散，导致传统工业城市出现内城衰退。内城衰退带来了很多消极后果，表现为内城的高失业率、市政设施破败、废弃地增多、生活质量及环境质量下降。为了扭转内城衰退的趋势，各国先后制订政策，开展重建活动。这使中心区在空间上出现了局部的变化。

内城衰退的根本在于其功能随着社会经济的发展出现不适应，在整个城市发展中的地位下降，而新的功能和设施没有相应地建立起来，这同时也导致了内城的结构性衰退。市区重建是对旧城进行再开发性的改造，主要是清除贫民窟，进行社区重建，将部分衰败区域的低级住宅、小商业、小企业重建为高级住宅、大型金融和商业机构、教育文化设施等，但这种局部的改造没有从根本上解决内城整体功能性衰退的问题。

2. 城市蔓延与边缘城市出现

20世纪70年代后出现的新就业岗位远郊化，不仅仅是居住，还有工厂区、办公区，这种人口及设施的广域扩散又被称为"城市蔓延"，区别于正常意义的郊区化，它是逆城市化阶段土地开发形态的新特征。与工业化时期城市空间高密度"摊大饼"式蔓延的增长方式不同，它是以低密度人口向城市化地区的边缘扩展。较为典型的是美国式的以高速公路为依托，形成"点"与"线"构成的城市外部空间结构，即由许多区、邻里及建筑综合体形成的非连续模式。美国学者将其界定为"边缘城市"。

3. 城市群及大城市连绵区的出现

在郊区化时期，郊区亚中心的发展、新城及卫星城的建设，已使工业化时期的单一城市逐步向多中心、城市群的方向发展；在逆城市化时期，随着城市在更大的地域内延伸，城市群结构在城市发展过程中得到加强，且由于郊区化的蔓延，使相邻的大城市区连为一体，甚至数个大城市区联合在一起形成大的城市连绵区。

2.5　知识经济时代城市空间变化的趋势

2.5.1　知识经济时代社会经济若干发展趋势

1. 知识成为经济发展的核心

以微电子和信息技术为代表的现代革命是知识经济发展的驱动力，与高速信息网络为代表的现代信息传输系统是知识经济的基础设施。知识经济时代的主要生产要素为知识、智力和信息，以无形的非物质要素为主，经济增长更多地取决于知识投资和知识创新。知识经济的增长方式是高度及集约式的，是知识密集型经济，更多地依靠科技创新。

2. 知识产业和高新技术产业成为主体产业和战略产业

知识产业是以知识为操作或生产对象，包括知识的创新、教育、传播、交流在内的产业体系。除此之外，还有知识高度密集，学科高度综合，集知识开发、生产、传播、使用为一体的高技术产业，并成为知识经济支柱产业。制造业和服务业一体化是知识经济的产业特征，高知识和技术含量高的产品及服务是知识经济的产品特色。

3. 社会发展呈现新态势

在知识经济时代，知识是经济增长的最主要动力，人力资源的创造性发挥是经济增长的主要来源和依托。这就使得社会竞争更加激烈，竞争的焦点向人力资源转移；社会就业结构发生变化，社会阶层变化加快；由对知识、信息掌握程度不同所带来的新的社会矛盾和社会分化逐渐产生；人们的工作及生活方式也将随之发生变化，家庭功能达到重新整合。

2.5.2　城市功能的变迁

在知识经济时代，信息及其网络已渗透到城市生产、生活、交通、游憩的各个领域，网络化、信息化、全球化发展使传统城市功能发生深刻的变化。

1. 城市功能作用空间的区域化

在知识经济时代，城市功能作用在很大程度上与区域发展背景有关。弹性与互补倾向取代了传统的主从服务倾向，异质商品和服务取代均质商品和服务。单个城市的环境质量与运行效率更多地依赖区域整体的环境质量与运行效率。交通枢纽地区和节点地区在区域整体网络中的作用突出，是城市及区域功能转型中新功能要素成长最活跃的区位，如高技术园区、航空港、出口加工区及区域性游憩地带，这些概念更具有区域的意义。

2. 城市功能内部由集聚向分散化转化

首先，城市生产组织形态从大工厂分散为以信息化网络为基础的小企业，工业生产的空间组合方式以地域上的分散化分布取代了传统工业片区的存在方式，城市的生产活动与其他活动表现出更多的共生关系，出现了居住及其他功能与生产功能的整合。其次，城市的居住功能开始由城区成片居住区向分散在郊区、乡村的居住社区转型，环境优美的郊区或乡村成为居民理想的居住地选择。再次，生产与生活功能的分散与混合，减少了居民的工作出行，工作效率的提高使居民有了更多的时间用于休闲活动，网络购物的兴起改变了货运交通的需求，这些使得居民的交通出行的目的发生变化，交通需求也相应地发生了改变。

3. 城市功能边界模糊化

信息网络导致流通领域与生产领域的边界模糊，工业用地与商业用地的兼容化日趋明显。城市的生产功能与流通功能不再是截然分开的两个领域，而是通过网络融合在一起，功能边界的模糊导致城市工业、商业、居住和商务办公等土地使用呈现明显的兼容化特征。

4. 城市非物质性功能强化

知识经济时代，城市功能从以商品为中心的服务向以知识、信息为中心的服务转变，重点为向个人提供更高层次的生活服务。城市教育、科研功能的地位得到空前的提高，城市创新功能作为一种核心力量渗透其中。

2.5.3 城市空间结构的变化趋势

知识经济时代的城市空间变化突出表现在城市与区域空间的整体化发展趋势，城市内空间的结构性重组显著。

1. 城市与区域空间的整体化

在知识经济时代，全球化、网络化、商务电子化等趋势助长了城市与区域空间的整体化发展趋势。

首先，城市空间结构由圈层式走向网络化，进而转变为广大城市化地区上的节网状人居环境模式。其次，在不同空间层次和不同地域范围形成的多中心结构，使相互集中的开敞空间系统与城市化空间系统紧密结合，使大城市的发展与小城镇的相对集中发展相结合。再次，网络系统及综合交通成为地域开发的先导，信息网络的布局将成为城市及区域的主要依托，信息基础设施建设成为城市及区域的主要动力之一，综合交通网特别是快速通道的建设是必要基础，两者的结合奠定了城市及区域空间结构的基本格局。

2. 城市内部空间结构的重组

信息技术的发展带来的灵活性，使人口和产业的空间布局有了更大的选择余地，在某种程度上推动了城市功能的分散化。但信息化在促进城市分散的同时，也蕴含着聚集的要求。

首先，城市功能的空间整合程度大幅提高，网络的同时性在一定程度上突破了空间可达性对城市布局的制约，空间区位的差异变淡，生产、工作与生活界线的模糊化促进了土地使用功能的兼容和空间整合。

其次，知识产业及高技术产业的发展带动了城市产业空间布局的改变。新的产业类型既可以在空间上集中，如形成科学园区、高新技术园区，也可以分散融合于城市其他功能中。这也就促进了城市第二产业的内部结构调整。

再次，商务活动出现集中与分散两种相反的趋势，从而带动商务功能空间格局的变化。一种趋势是商务活动在空间上继续集中，特别是位于优势地段的办公区，有利于与服务对象进行面对面的交易、接触，规模集聚仍有优势；另一种趋势是随着远程网络的发展，办公地点更加灵活，不受传统位置的束缚，将城市商务活动趋于分散，如美国硅谷等。

最后，多功能社区成为城市功能重组的重要空间载体。知识经济时代的社区除了居住功能外还有其他多种功能在社区空间复合。人们的居住环境不仅是居住生活的场所，也是办公、教育、文化娱乐及运动保健的场所，形成居住环境在功能上的整合。各种功能的有机融合，形成富有生机的现代综合社区。

第3章 现代城市规划发展历程

现代意义上的"城市规划"一词是在 20 世纪初才出现的，现代城市规划诞生并在城市发展过程中发挥作用是现代城市社会发展的重要事件。回顾现代城市规划的产生可以发现，现代城市规划是在众多原因和众多条件下，在多重因素共同作用下逐步发展演变形成的。现代城市规划作为一门科学，与建筑学有着密切的关系，但并不是由建筑师主导完成的。现代城市规划产生于工业革命带来的不便和城市问题丛生，城市技术人员试图通过自己的工作使现状有所改善。他们从纯粹的对建筑的安排转变为对城市问题尤其是对城市公共设施如供水、排水等设施的配置，继而希望改变城市中的拥挤现象并不断对城市社会发展进行调控，从而建立现代城市规划的内容和方式方法。因此，霍尔（Peter Hall）在对现代城市规划与设计进行回顾时指出，现代城市规划的形成是多种因素共同作用的结果。因此我们也从多方面多角度来进行剖析。

3.1 现代城市规划产生的历史渊源

3.1.1 空想社会主义

空想社会主义是现代城市规划最直接的思想源泉。近代史上的空想社会主义源自于托马斯·摩尔（T. More）的"乌托邦"概念，他期望通过对社会组织结构等方面的改革来改变他认为不合理的社会，建立理想的社会秩序，构想了他认为理想的建筑、社区和城市。

空想社会主义的杰出代表人物是欧文（Robert Owen）和傅里叶（Charles Fourier）。欧文针对当时已产生的社会弊病，提出了社会改良的设想。用"劳动交换银行"和"农村合作社"的方式来解决生产私有性和消费社会型的矛盾。他认为，一个由组织控制而运营的工业企业，不仅需要考虑内部工作，而且要注意与市场需求有关的企业外部限制。他提出了理想的居住社区计划：社区的理想人数在 800~2000 人之间，人均 1 英亩耕地左右，社区有公用厨房和幼儿园。社区的运营自给自足，自己生产统一分配。这样的社区可以达到节约生产的目的，社区的劳动产品的剩余部分在满足基本需要之后，以雇佣劳动力作为货币比较的依据可进行自由交换。建筑形态上，反对庭院和街巷的方式，提出一个大正方形的空间布局。他称这样的社区为"新协和村"。

傅里叶的思想基础是哲学和心理学，他希望从个人兴趣而不是经济收益上来引导人类行为。他构想的理想社区名为"法郎吉"，是由 1500～2000 人组成的公社，社区进行机器化大生产，组织公共生活，来减少生产性家务劳动，提高社会生产力。他按照同心圆的模式来建造理想城市：中间是商业区和行政区，外围是工业区，再外围是农业区；在最里圈开放空间的占地面积等同于建筑物的占地面积，第二圈开放空间的面积是建筑物占地面积的两倍，第三圈是三倍。

空想社会主义改变了传统建筑学和城市规划领域思考问题的角度，从只关注建筑样式和城市空间形式到更加专注城市整体的关系，特别是把城市当作一个社会经济范畴，将社会改革的思想融入到物质空间的组织上来，并把物质空间的组织作为社会改良和实现新的社会制度、体制的基础。这比那些只关注城市、建筑造型艺术的观点显然要深刻得多，也为以后的"田园城市"等规划理论奠定了社会层面的基础。

3.1.2　英国关于城市卫生和工人住宅的立法

19 世纪人口的急剧增长，城市的快速膨胀导致了大量的公共卫生问题，这要求政府承担新的职责。随着医学知识的发展，人们发现过度拥挤和不卫生的城市地区会导致大量的经济成本，不时会爆发大规模的传染病，并可能导致社会动乱的发生，这些新的城市发展最终导致了根据社会福利的利益对市场力量和私人物产权进行干预的思想。因此针对当时出现的城市传染病，1833 年英国成立了委员会专门调查疾病形成的原因，该委员会于 1842 年提出了《关于英国工人阶级卫生条件的报告》。1844 年成立了英国皇家工人阶级住房委员会，并于 1848 年通过了《公共卫生法》。这部法律规定了地方当局对污水排放、垃圾收集、供水、道路等方面应负的责任。

由此开始，英国通过一系列的卫生法规建立起一整套对卫生问题的控制手段。对工人住宅的重视也促成了一系列法规的通过，如 1868 年的《贫民窟清理法》和 1890 年《工人住房法》等，这些法律要求地方政府提供公共住房。这些行政和立法技术赋予了城市规划实际操作的基本手段，是现代城市规划立法的先声。

3.1.3　巴黎改建

奥斯曼（George E. Haussman）在 1853 年开始作为巴黎的行政长官，看到了巴黎存在的供水受到污染、排水系统不足，可以用作公园和墓地的空地严重缺乏，大片破旧肮脏的住房和没有最低限度的交通设施等问题的严重性，通过政府的直接参与和组织，对巴黎进行了全面的改建。这项改建以道路来切割和划分整个城市的结构，在巴黎老中心区范围内兴建了近 400km 的道路网，将塞纳河两岸地区紧密地连接在一起。同时将林荫大道与其他街道连接成统一的道路体系，并使这些林荫道成为延伸到郊区的公路网的一部分，在郊区又铺设了 70km 长的城市公路。在街道改建的同时，结合整齐街景建设的需要，出现了标准的住房平面布局方式和标准的街道设施。在城市的两侧建造了两个森林公园，在城市中配置了大面积的公共开放空间和基础设施（图 3-1）。

奥斯曼对城市整体空间进行了调整，将城区外的一些区域合并了进来，使巴黎城区的面积得到了较大的扩展。同时重新进行了行政区的划分，共划分为20个部分自治的小行政区，建立了新的城市行政结构。经过这样一系列的改建，确立了城市的新形象，从而为当代资本主义城市的建设确立了典范，成为19世纪末和20世纪初欧美城市改建的样板。

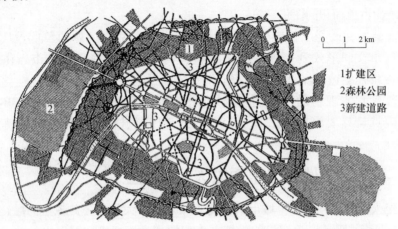

图 3-1 奥斯曼的巴黎改建

3.1.4 城市美化运动

城市美化源自于文艺复兴后的建筑学和园艺学传统。自18世纪后，中产阶级对城市中四周由街道和连续的联列式住宅所围成的居住街坊中只有点缀性的绿化表示出极端的不满。在此情形下兴起的"英国公园运动"试图将农村的风景庄园引入到城市之中。这一运动的进一步发展出现了围绕城市公园布置联列式住宅的布局方式，并将住宅坐落在不规则的自然景色中的手法运用到实现城镇布局的景观化中。

这一思想被西谛（Sitte）对中世纪城市内部布局的总结和对城市不规则布局的倡导而得到深化。与此同时，在美国以奥姆斯特（F. L. Olmsted）所设计的纽约中央公园为代表的公园和公共绿地的建设也试图实现与此相同的结果。以1893年在芝加哥举行国际博览会为起点，城市改建以对市政建筑物进行全面改进为标志，以公共设施和纪念建筑为核心组织了林荫路、城市广场和城市干道成为美化城市的重要手段。城市美化运动中的这些建设以政府主导的方式，综合了对城市空间和建筑进行美化的各方面思想和实践，在美国城市得到了全面的推广。

而该运动的主将伯恩汉姆（D. Burnham）于1909年完成的芝加哥规划（图3-2）则被称为第一份城市范围的总体规划。这一规划已经远远超出了城市美化运动规划的内容，不仅仅关注了市政设施、公共建筑及它们的外观，而且对商业、工业的发展以及交通的综合安排，对人口增长和城市区域发展的未来进程等问题都进行了全面的考虑和安排。城市美化运动推动了对城市整体环境的思考。

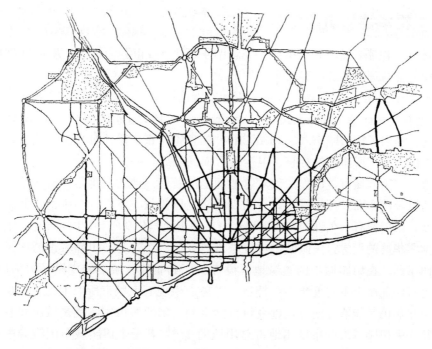

图 3-2　芝加哥规划总体规划图

3.1.5　公司城建设的实践

公司城的建设是资本家为了就近解决工人的居住条件，从而提高工人的生产力而出资建设和管理的小型城镇。这类城镇在 19 世纪中叶以后的西方各国都有众多的实例。其中比较著名的有英国的伯恩城（Bournville）和阳光港镇（Port Sunlight），美国的普尔曼镇（Pullman）等。

在工业城市尤其是大城市问题重重的大背景下，这样的城市吸引了大量社会改革家的目光。而像伯恩城和阳光港镇则被当时及后来的许多人称为是霍华德"田园城市"的直接先驱。后来在田园城市的建设和发展中发挥了重要作用的恩温（R. Unwin）和帕克（B. Parker）等人在 19 世纪的后半叶对公司城的建设也起了重要作用，并在此过程中积累了大量经验，为以后田园城市的设计建设提供了基础。

3.2　现代城市规划产生的早期思想

在 19 世纪上半叶，许多理论探讨对此后的城市发展和城市规划的演进起了重要的指导作用，这些探索有的是从现代城市的基本组织出发，有的是从城市形态入手，有的是直接针对城市当时存在的具体问题来寻找对策，有的则是为了揭示现代城市的运行机制从而从更深层的内容上提出现代城市的组织原则等，都对现代城市规划的形成和完善起到了重大的推动作用。

3.2.1 霍华德的田园城市

1898年，以霍华德（E. Howard）提出的"田园城市"为标志，现代城市规划提出了比较完整的理论体系和实践框架。

在19世纪中期以后的种种改革思想和实践的影响下，霍华德于1898年出版了以《明天：通往真正改革的和平之路》（Tomorrow：A Peaceful Path to Real Reform）为题的论著，提出了田园城市（Garden City）的理论。霍华德针对当时的城市尤其是像伦敦这样的大城市所面临的拥挤、卫生等方面的问题，提出了一个兼有城市和乡村优点的城市——田园城市，以作为他对这些问题的解答。他的概念是：田园城市是为健康、生活以及产业而设计的城市，它的规模能足以提供丰富的社会生活，但不应超过这一程度；四周要有永久性的农田围绕；城市的土地归公众所有，由委员会受托管理。

根据霍华德的设想，田园城市包含城市和乡村两个部分。田园城市的居民生活于此、工作于此，在田园城市的边缘地区设有工厂和企业。城市的规模必须加以限制，目的是为了保证城市不过度集中和拥挤，以免产生现有大城市所产生的各类疾病，同时也使每户居民都能够方便地接近乡村自然空间。田园城市实际就是城市和乡村的结合体，每一个田园城市的市区用地占总用地的1/6，若干个田园城市围绕着中心城市（中心人口规模为58000人），呈圈状布置，借助于快速的交通工具（铁路）就可以往来于田园城市与中心城市或田园城市之间。城市之间是农业用地，包括耕地、牧场、果园、森林以及农业学院、疗养院等，作为永久性保留的绿地，农业用地永远不得改作它用。

田园城市的城区平面呈圆形，中央是一个公园，有六条主干道路从中间向外辐射，把城市分成六个扇形地区。在其核心部位布置一些独立的公共建筑（市政厅、音乐厅、图书馆、剧场、医院和博物馆等）。在城市直径线外的1/3处设一条环形的林荫大道（Grand Avenue），并以此形成补充性的城市公园，在此两侧均为居住用地。在居住建筑地区，布置学校和教堂。在城市最外围地区建设各类工厂、仓库和市场，一面对着最外层的环形道路，一面对着环形铁路，交通非常方便。

霍华德不仅提出了田园城市的设想，以图解的形式描述了理想城市的原型，而且他还为实现这一设想进行了细致的思考，他对资金来源、土地分配、城市财政收支、田园城市的经营管理等都提出了具体的建议。他认为，工业和商业不能由公营垄断，要给私营以发展的条件。但是，城市中的所有土地必须归全体居民集体所有，使用土地必须交租金。城市的收入全部来自交租，在土地上进行建设，聚居而获得的增值仍归集体所有。

3.2.2 赖特和广亩城市

赖特（F. L. Wright）处于美国的社会经济背景和城市发展的独特环境中，从人的感觉和文化意蕴中体验着对现代城市环境的不满和对工业革命之前人与环境相对和谐状态的怀念情绪，他于1932年提出了广亩城市的设想，从而将城市分散发展的思想发挥到了极点。

赖特认为现代城市不能适应现代生活的需要，也不能代表和象征现代人类的愿望，是一种反民主的机制，因此这类城市应该取消，尤其是大城市。他要创造一种新的、分散的文明形式，在小汽车大量普及的条件下已成为可能。汽车作为"民主"的驱动方式，成为他反城市模型也就是广亩城市构思方案的支柱。他在 1932 年出版的《消失的城市》中写道，未来城市应当是无所不在又无所在的，"这将是一种与古代城市或任何现代城市差异如此之大的城市，以致我们可能根本不会认识到它作为城市而已来临"。在随后出版的《宽阔的田地》一书中，他正式提出了广亩城的设想。这是一个把集中的城市重新分布在一个地区性农业的方格网格上的方案。他认为，在汽车和廉价电力遍布各处的时代里，已经没有将一切活动都集中于城市中的必要。而最为需要的是如何从城市中解脱出来，发展一种完全分散的、低密度的生活、居住、就业结合在一起的新形式，这就是广亩城市。在这种实质上是反"城市"一书的构思中，每一户周围都有一英亩（4050m²）的土地来生产供自己消费的食物和蔬菜。居住区之间以高速公路相连接，提供方便的汽车交通。沿着这些公路，建设公共设施、加油站等，并将其顺其自然地分布在整个地区服务的商业中心之内。赖特对于广亩城市的现实性一点也不怀疑，认为这是一种必然，是社会发展不可避免的趋势。美国城市在 20 世纪 60 年代以后普遍的郊迁化在相当程度上是赖特广亩城市思想的体现。

3.2.3　戈涅和工业城市

工业城市的设想是法国建筑师戈涅（T. Garnier）于 20 世纪初提出的。1904 年在巴黎展出了这一方案的详细内容，1917 年出版了名为《工业城市》的专著，阐述了工业城市的具体设想。这一设想的目的在于探讨现代城市在社会技术进步背景中的功能组织。

在这个城市中，戈涅布置了一系列的工业部门，它们被安排在河口附近，下游有一条更大的主干河道，便于进行水上运输。选择用地尽量合乎工业部门的要求，这也是布置其他用地的先决条件。城市中的其他地区布置在一块日照条件良好的高地上，沿着一条通往工业区的道路展开。沿这条道路在工业区和居住区之间设立一个铁路总站。在市中心布置了大量的公共建筑。市中心两侧布置居住区，居住区划分为几个片区，每个片区内各设一个小学校。居住区基本上是两层楼的独立式建筑，四面围绕着绿地。建筑地段不是封闭的，不设围墙，它们互相组成为一个统一的群体。

戈涅工业城市的规划方案已经摆脱了传统城市规划尤其是学院派城市规划方案追求气魄，大量运用对称和轴线放射的手法。在城市空间组织中，更注重各类设施本身的要求和与外界的相互关系。在工业区的布置中将不同的工业企业组织成若干个群体，对环境影响大的工业（如炼钢厂、高炉、机械锻造厂等）布置得远离居住区，而对职工数较多、对环境影响小的工业如纺织厂等则接近居住区布置，并在工厂中布置了大片的绿地。在居住街坊的规划中，将一些生活服务设施与住宅建筑结合在一起，形成一定地域范围内相对自足的服务设施。居住建筑的布置从适当的日照和通风条件的要求出发，放弃了当时欧洲尤其是巴黎盛行的周边式布局而采用独立式布局形式，并留出一半的用地作为公共绿地，在这些绿地中布置可以贯穿全城的步行小道。城市街道按照交通的性质分成几类，宽度各不相同，在主要街道上铺设可以把各区联系起来并一直通到城市中心的有轨电车线，所有的道路均植树成行。

在整个城市规划中，戈涅将各类用地按照功能划分得非常明确，使它们各得其所，这是工程设想的基本思路。这一思想直接孕育了《雅典宪章》所提出的功能分区的原则，对于解决当时城市中工业居住混杂而带来的种种弊病具有重要的积极意义。图3-3为工业城市构想示意图。

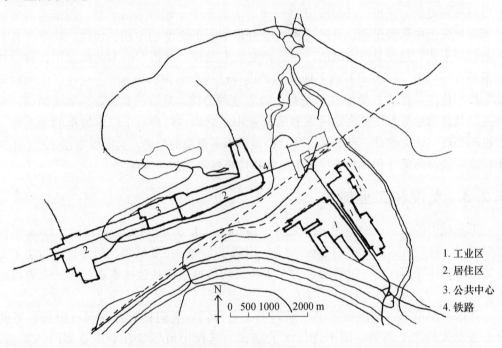

1. 工业区
2. 居住区
3. 公共中心
4. 铁路

0 500 1000 2000 m

图 3-3 工业城市构想示意图

3.2.4 玛塔和线形城市

线形城市是由西班牙工程师索里亚·玛塔（A. S. Mata）于1882年首先提出的。当时是铁路交通大规模发展的时期，铁路线把遥远的城市连接了起来，并使这些城市得到了很快的发展，在各个大城市内部及其周围，地铁线和有轨电车线建设改善了城市地区的交通状况，加强了城市内部及与其腹地之间的联系，从整体上促进了城市的发展。按照索里亚·玛塔的想法，那种传统的从核心向外扩展的城市形态已经过时，它们只会导致城市拥挤和卫生恶化，在新的集中运输方式的影响下，城市将依赖交通运输线组成城市网络。而线形城市就是沿交通运输线布置的长条形的建筑地带，"只有一条宽500m的街区，要多长就有多长——这就是未来的城市"，城市不再是分散在不同地区的点，而是由一条铁路和道路干道相串联在一起的、连绵不断的城市带，并且这个城市是可以贯穿整个地球的。城市中的居民既可以享受到城市型的服务设施又不脱离自然，随时可以回到自然中去。

后来，索里亚·玛塔提出了"线形城市的基本原则"。他认为，这些原则是符合当时欧洲正在讨论的"合理城市规划"的要求。在这些原则中，第一条是最重要的，即"城市建设的一切其他问题，均以城市运输问题为前提"。最符合这条原则的城市结构就是使城市中的人从一个地点到其他任何地点在路程上的耗费时间最少。既然铁路是能够做到安全、高效和经济的最好交通工具，城市的形状理所当然就应该是线形的。这一点就是线形城市理论的出发点。在余下的其他纲要中，索里亚·玛塔提出城市平面应当呈规矩的几何形状，在具体布置时要保证结构的对称，街坊呈矩形或梯形，建筑用地应当至多占到 1/5，要留有发展的余地，要公正地分配土地等原则。

3.2.5　柯布西耶和光明城市

在关于现代城市发展的基本走向上与霍华德的田园城市设想完全不同的是柯布西耶（Le Corbusier）的现代城市设想。霍华德是希望通过新建城市来解决过去城市尤其是大城市中所出现的问题，而柯布西耶则希望对过去城市尤其是大城市本身的内容改造，使这些城市能够适应城市社会发展的需要。

柯布西耶是现代建筑运动的主要人物。在 1922 年他发表的"明天城市"规划方案中，阐述了他从功能和理性角度出发对现代城市的基本认识，从现代建筑的思潮中所引发的关于现代社会城市规划的基本构思。书中提供了一个 300 万人口的规划图，中央为中心区，除了必要的各种机关、商业和公共设施、文化和生活服务设施外，有将近 40 万人居住在 24 栋 60 层高的摩天大楼中，高楼周围有大片的绿地，建筑仅占地 5%。再外围是环形居住带，有 60 万居民居住在多层连续的板式住宅内。最外围的是容纳 200 万居民的花园住宅。城市平面是严格的几何形构图，矩形和对角线的道路交织在一起。规划的中心思想是提高市中心的密度，改善交通，全面改造城市旧区，提供充足的绿地、空间和阳光。在该项规划中，柯布西耶还特别强调了大城市交通运输的重要性。在中心区规划了一个地下铁路车站，在车站上面布置了一个出租飞机起降场。中心区的交通干道由三层组成：地下走重型车辆，地面用于市内交通，高架道路用于快速交通。市区与郊区由地铁和郊区快铁线来联系。

1931 年，柯布西耶发表了"光明城市"的规划方案，这一方案是他以前城市方案的进一步深化，同时也是他的现代城市规划和建设思想的集中体现（图 3-4）。他认为，城市是必须集中的，只有集中的城市才有生命力，由于拥挤而带来的城市问题是完全可以通过技术手段进行改变而得到解决的。这种技术手段就是采用大量的高层建筑来提高密度和建立一个高效率的城市交通系统。

柯布西耶作为现代城市规划原则的倡导者和执行这些原则的中坚力量，他的上述设想充分体现了他对现代城市规划的一些基本问题的探讨，通过这些探讨，逐渐形成了理性的功能主义城市规划思想，集中体现在由他主持撰写的《雅典宪章》（1933 年）之中。他的这些城市规划思想，深刻地影响了二次世界大战后全世界的城市规划和城市建设。

3.2.6　格迪斯学说

格迪斯（Geddes）作为一个生物学家最早注意到工业革命、城市化对人类社会的

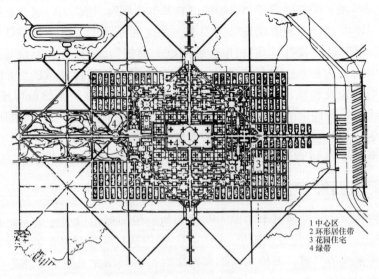

1 中心区
2 环形居住带
3 花园住宅
4 绿带

图 3-4　光明城市方案

影响，通过对城市进行生态学的研究，强调人与环境的互相关系，并揭示了决定现代城市成长和发展的动力。他的研究显示，人类居住地与特定地点之间存在着的关系是一种已经存在的、由地方经济性质所决定的精致的内在联系，因此他认为场所、工作和人是结合为一体的。在他于1915年出版的著作《进化中的城市》中，他把对城市的研究建立在客观现实的基础之上，通过周密分析地域环境的潜力和限度对于居住地布局形式与地方经济体系的影响关系，突破了当时常规的城市概念，提出把自然地区作为规划研究的基本框架。他指出，工业的集聚和经济规模的不断扩大，已经造成了一些地区的城市发展显著集中。在这些地区，城市向郊外的扩展成为了一种必然趋势，使城市结合成巨大的城市聚集区或者形成组合城市。在这样的条件之下，原来局限于城市内部空间布局的城市规划应当成为城市地区的规划，即将城市和乡村的规划纳入到同一规划体系中，使规划包括若干个城市以及它们周围影响的整个地区。

　　格迪斯认为城市规划是社会改革的重要手段，因此城市规划要得到成功就必须充分运用科学的方法来认识城市。他运用哲学、社会学和生物学的观点，揭示了城市在空间和时间发展中所展示的生物学和社会学方面的复杂性，因此在进行城市规划前要进行系统的调查，取得第一手的资料，通过实地勘察了解所规划城市的历史、地理、社会、经济、文化、美学等因素，把城市的现状和地方经济、环境发展潜力以及限制条件联系到一起进行研究，在这样的基础上，才有可能进行城市规划工作。他的名言是"先诊断后治疗"，由此形成了影响至今的现代城市规划过程的公式——"调查—分析—规划"，即通过对城市现实状况的调查，分析城市未来发展的可能，预测城市中各类要素之间的互相关系，然后依据这些分析和预测，制订规划方案。

3.2.7　有机疏散理论

　　有机疏散理论是沙里宁（E. Saarinen）为缓解由于城市过分集中所产生的弊病而提出的关于城市发展及布局结构的理论。他在1942年出版的《城市：它的发展、衰败和未来》一书详尽阐述了这一理论。

沙里宁认为，城市与自然界的所有生物一样，都是有机的集合体，因此城市建设所遵循的基本原则也与此相一致，或者说城市发展的原则是可以从自然界的生物演化中推导出来的。在这样的指导思想基础上，他全面考察了中世纪欧洲城市和工业革命后的城市建设状况，分析了有机城市的形成条件和中世纪的表现及其形态，对现代城市出现衰败的原因进行了揭示，提出了治理现代城市衰败、促进其发展的对策，即进行全面的改建。这种改建应当能够达到这样的目标：

(1) 把衰败地区中的各种活动，按照预订方案，转移到适合于这些活动的地方去。

(2) 把腾出来的地区，按照预订方案，进行整顿，改作其他最适宜的用途。

(3) 保护一切老的和新的使用价值。

因此，有机疏散就是把大城市目前的一整块拥挤的区域，分解成为若干个集中单元，并把这些单元组织成为"在活动上相互关联的有功能的集中点"。

在这样的意义上，构架起城市有机疏散的最显著特点，便是原先密集的城区，将分裂成一个一个的集镇，它们彼此之间将用保护性的绿化地带隔离开来。

要达到城市有机疏散的目的，就需要一系列的手段来推进城市建设的开展，沙里宁在书中详细地探讨了城市发展思维、社会经济状况、土地问题、立法要求、城市居民的参与和教育、城市设计等方面的内容。针对于城市规划的技术手段，他认为"对日常活动进行功能性的集中"和"对这些集中点进行有机的分散"这两种组织方式，是使原先密集城市得以健康地疏散所必须采用的两种最主要方法。前一种方法能给城市的各个部分带来适于生活和安静的居住条件，而后一种方法能给整个城市带来功能秩序和工作效率。

3.2.8　《雅典宪章》

20 世纪 20 年代末，现代建筑运动走向高潮，在国际现代建筑会议（CIAM）第一次会议的宣言中，提出了现代建筑和建筑运动的基本思想和准则。其中认为，城市化的实质是一种功能秩序，对土地利用和土地分配的政策要求有根本性的变革。1933 年召开的第四次会议的主题是"功能城市"，会议发表了《雅典宪章》。《雅典宪章》依据理性主义的思想方法，对城市中普遍存在的问题进行了全面解析，提出了城市规划应该处理好居住、工作、游憩和交通功能之间的关系，并把该宪章称为现代城市规划的大纲。

《雅典宪章》在思想上认识到城市中广大人民的利益是城市规划的基础，因此，它强调"对于从事城市规划的工作者，人的需要和以人为出发点的价值衡量是一切建设工作或功能的关键"，在宪章的内容上也从分析城市活动入手提出了功能分区的思想和具体做法，并要求以人的尺度和要求来估量功能分区的划分和布置，为现代城市规划的发展指明了以人为本的方向，建立了现代城市规划的基本内涵。但很显然，《雅典宪章》的思想方法是奠基于物质空间决定论的基础之上。这一思想在城市规划中的实质在于通过物质空间变量的控制，就可以形成良好的环境，而这样的环境就能自动地解决城市中的社会、经济、政治问题，促进城市发展和进步。这是《雅典宪章》所提出的功能分区及其机械联系的思想基础。

《雅典宪章》最为突出的内容是提出了城市的功能分区，而且对以后的城市规划的发展影响也最为深远。它认为城市活动可以划分为居住、工作、游憩和交通四大活动，提出城市规划研究和分析的"最基本分类"，并提出"城市规划的四个主要功能要求各自都有其最适宜的发展条件，以便给生活、工作和文化分类和秩序化。"功能分区在当时有着重要的现实意义和历史意义，它主要针对当时大多数城市无计划、无秩序发展过程中出现的问题，尤其是工业和居住混杂导致的严重卫生问题提出的，而功能分区方法的使用确实可以起到缓解和改善这些问题的作用。另一方面，从城市规划学科的过程发展来看，《雅典宪章》所提出的功能分区也是一种革命。它依据城市活动对城市土地使用进行划分，对传统城市规划思想和方法进行了重大的改革，突破了过去城市规划追求图面效果和空间气氛的局限，引导了城市规划向科学的方向发展。

3.3 二战后城市发展模式理论的演变

第二次世界大战以后，世界许多国家的城市都面临着战后重建工作，并且现代城市发展的趋势也更加复杂，从而促进了城市规划理论的进一步发展。

3.3.1 从田园城市到新城

田园城市、卫星城和新城的思想都是建立在通过建设小城市来疏解大城市的基础之上，但它们在含义上仍有一些差别，它们应当被看作是同一个概念随着社会经济状况变化而不断发展深化的结果。

霍华德的田园城市设想在 20 世纪初就得到了初步的实践，但很显然仍然是一种理想型的设想。在后来的建设实践中，被划分为两种不同的形式：一种是农业地区的孤立小城镇，自给自足；另一种是城市郊区，那里有宽阔的花园。前者的吸引较弱，也形不成霍华德所设想的城市群，因此难以发挥其设想的作用。后者显然是与霍华德的意愿相违背的，它只能促进大城市无序地向外蔓延，而这本身就是提出田园城市所需要解决的问题。在这样的状况下，20 世纪 20 年代恩温（R. Unwin）提出卫星城市来推进霍华德的思想。恩温曾在霍华德的指导下主持完成第一个田园城市莱彻沃斯（Lethchworth）的规划方案和建筑设计，并积极参加了当时的田园城市运动。他认为，霍华德的田园城市在形式上如同行星周围的卫星，因此使用了卫星城的说法，并认为建设卫星城是防止大城市规模过大和不断蔓延的一个重要方法，从此卫星城便成了国际上通用的概念。1944 年，阿伯克隆比（P. Abercrombie）完成大伦敦规划，该规划在大伦敦周围建立 8 个卫星城，以达到疏解伦敦的目的，从而产生了深远的影响。在二战以后至 20 世纪 70 年代之前的西方经济和城市快速发展时期，西方大多数国家都有不同规模的卫星城建设，其中以英国、法国、美国以及中欧地区最为典型。

卫星城的概念强化了与中心城市（又称母城）的依赖关系，在其功能上强调的是中心城市的疏解，因此往往被称为中心城市某一功能疏解的接收地，由此出现了工业卫星城、科技卫星城甚至卧城等卫星城等类型，成为中心城市的一部分。经过一段时间的实践，人们发现这些卫星城带来了一些问题，而这些来源就在于对中心城的依赖，因此开始强调卫星城市的独立性。在这种卫星城中，居住与就业岗位之间相互协调，具有与大城市一样的文化福利设施配套，可以满足卫星城居民的就地工作和生活需求，从而形成一个职能健全的独立城市（new town）。伦敦周围的卫星城根据其建设时期前后称为第一代新城、第二代新城和第三代新城。新城的概念更强调城市的相对独立性，并且与中心城市发生的相互作用，成为城镇体系中的重要组成部分，对涌入城市的人口起到一定的截流作用。

3.3.2　区域规划理论的发展

　　城市是人类进行各种活动的集中场所，通过各种交流和通信网络，使物质、人口、信息等不断从城市向各地，从各地向城市流动。城市对区域的影响类似于磁铁的场效应，随着距离的增加，城市对周围区域的影响力逐渐减弱，并最终被附近其他城市的影响所取代。每个城市影响的地区大小，取决于城市所能够提供的商品、服务的数量和种类及各种机会。一般来说，这与城市的人口规模成正比。不同规模的城市及其影响的区域组合起来就形成了城市的等级体系，这就形成了城市体系概念。有关城市体系的研究，起始于格迪斯对城市区域问题的重视，后经芒福德（L. Mumford）等人的努力至 1960 年才作为一个科学的概念而得到研究。格迪斯、芒福德等人从思想上确立了区域城市关系是研究城市问题的逻辑框架，而克里斯泰勒（W. Christaller）于 1933 年发表的中心地理论则揭示了城市布局之间的现实关系，廖什（A. Losch）从企业区位的角度以纯理论推导的方法完成了不同等级市场区中心地数目的研究，揭示了城市影响地域及相互作用的理论形态。贝瑞（B. Berry）等人结合城市功能的相互依赖性、城市区域的观点、对城市经济行为的分析和中心地理论，逐步形成了城市体系理论。现在普遍接受的观点认为，完整的城市体系分析包括了三部分内容，即特定地域内所有城市的职能之间的相互关系、城市规模上的相互关系和地域空间分布上的相互关系。城市职能关系依据经济学的地域分工和生产力布局学说而得到展开；不同城市在规模上的相互关系则符合"等级－规模分布"关系；而不同城市在地域空间上的分布则被认为是遵循中心地理论的，并将这一理论看作是获得空间合理性的关键。

　　纽约在 1920 年末至 1930 年初进行了一系列区域研究，以解决就业与住房问题为主要目标，通过交通网络和聚居地的分布和组织，开创了早期区域规划的实践。苏联在其社会经济制度的推进下，从 1920 年起所施行的第一个五年计划、俄罗斯电气计划、经济区划的理论研究，以及随后以人口再分布为核心的居民点网络规划，都对世界范围区域规划理论的研究和实践起到了推进作用。而美国在 1933 年开始实施的田纳西河流域规划所取得的显著成就，则为区域规划的发展起了重要的示范作用。1950 年以后，在经济学和地理学界的推动下，欧美学者对区域经济发展所进行的研究中，提出了许多有关城市区域发展的综合性理论，使空间结构与社会经济结构的发展得到统一，并兴起"区域科学"这样一个学科群，为城市和区域规划的开展提供了必要的基础。

3.3.3 综合理性规划思潮

20世纪60年代，英国、美国等国家的城市规划出现了综合理性（Comprehensive Rationality）的思潮，其目标就是采用科学技术来使城市规划更加合理，使城市规划的价值取向也可以通过技术手段来解决。也就是在面临多重目标选择的情况下，为决策者提供更多的信息以及规划目标与其他待选目标之间结果预测的分析比较，从而更好地辅助决策过程。

综合规划的理论基础是系统思想及其方法论，也就是认为，任何一种存在都是由彼此相关的各种要素组成的系统，每一种要素都按照一定的联系性而组织在一起，从而形成一个有结构的有机统一体。系统中的每一个要素都执行着独立的功能，而这些不同的功能之间又相互联系，以此完成了整个体系对外界的功能。在这样的思想基础上，综合规划通过对城市系统的各个组成要素及其结构的研究，揭示这些要素的性质、功能以及这些要素之间的相互联系，全面分析城市存在的问题和相应对策，从而在整体上对城市问题提出解决方案。这些方案具有明确的逻辑结构。综合规划的目的在于引导城市有序地发展，以此来保证城市居民的健康、安全、公共福利、舒适的生活以及其他的社会经济目标，因此，规划就要组织和协调城市中各类组成要素之间的综合关系，尤其是它们与城市的土地使用和各项城市市政设施之间的关系。综合规划的特征在于它的综合性、总体性和长期性。

在20世纪50—60年代，西方规划界的理性规划概念几乎等同于城市模型的运用，通过实证知识来选择价值，而规划师的任务就是为模型计算提供选择要素。同时，这种思想在城市规划教育方面也改变了长期依赖的物质环境设计的训练，更加重视规划方法，将其发展成为一种决策科学，构成了学术研究的一个新分支。

3.3.4 《马丘比丘宪章》

20世纪70年代后期，国际建筑协会鉴于当时世界城市化趋势和城市规划过程中出现的新内容，于1977年在秘鲁的利马召开了国际性学术会议。与会的建筑师、规划师和有关官员以《雅典宪章》为出发点，总结了近半个世纪尤其是二战后的城市发展和城市规划思想、理论和方法的演变，展望了城市规划进一步发展的方向，在古文化遗址马丘比丘山上签署了《马丘比丘宪章》。该宪章申明：《雅典宪章》仍然是这个时代的一项基本文件，它提出的一些原理仍然有效，但随着时代的进步，城市发展面临着新的环境，而且人类知识对城市规划也提出了新的要求。

《马丘比丘宪章》是在对四十多年的城市规划理论探索和实践进行总结的基础上提出的。《马丘比丘宪章》首先强调了人与人之间的相互关系对于城市和城市规划的重要性，并将理解和贯彻这一关系视为城市规划的基本任务。

首先，在考察了当时城市化快速发展和遍布全球的状况之后，《马丘比丘宪章》要求将城市规划的专业和技术应用到各级人类居住点上，即邻里、乡镇、城市、都市地区、区域、国家和洲，并以此来指导建设。而这些规划都"必须对人类的各种需求做出解释和反应"，并"应该按照可能的经济条件和文化意义提供与人民要求相适应的城市服务设施和城市形态"。

其次，提出的以人为核心的人际结合思想以及流动、生长、变化的思想为城市规划的新发展提供了新起点。

再次，《马丘比丘宪章》认为城市是一个动态系统，要求"城市规划师和政策制订人必须把城市看作在连续发展与变化的过程中的一个结构体系"。20世纪60年代以后，系统思想和系统方法在城市规划中得到了广泛的运用，直接改变了过去将城市规划视作对终极状态进行描述的观点而更强调城市规划的过程性和动态性。在对这一系列理论探讨进行总结的基础上作了进一步的发展，提出"区域和城市规划是个动态过程，不仅要包括规划的制订而且也要包括规划的实施。这一过程应当能适应城市这个有机体的物质和文化的不断变化"。基于以上观点，城市规划就是一个不断模拟、实践、反馈、重新模拟……的循环过程，只有通过这样不间断的连续过程才能更有效地与城市系统相协调。

3.4　当代城市规划的主要理论和实践

21世纪，人类将面对一个越来越城市化的世界。尽管各国的社会和经济条件不同，但城市规划所面临的全球性议题仍然十分明显，其中尤为突出的是可持续发展和经济全球化，以及在此背景下的城市规划理论和实践。

3.4.1　当代城市规划面临的社会、经济背景

地球上的人口数量已经突破60亿，并且还在不断增长。与此同时，人类的生活水平也在不断提高。传统的发展方式带来环境后果，一方面是不可再生的自然资源（如森林）将会逐渐耗尽，另一方面是环境污染已经越来越危及生态系统的承载极限。1987年，联合国环境与发展委员会发表的《我们共同的未来》中，全面阐述了可持续发展的理念。1992年，联合国环境与发展大会达成《全球21世纪议程》，这标志着可持续发展开始成为人类的共同行动纲领。

1. 可持续发展

根据《我们共同的未来》，可持续发展既是满足当代人需要，又不对后人满足其需要的能力构成危害的发展。具体而言，可持续发展的内涵包括经济、社会和环境之间的协调发展。

（1）经济与环境

强调经济增长的重要性而不是消极地否定经济增长，因为经济增长不仅使人类的基本需求得到满足，也为环境保护提供基础。但是，可持续发展强调经济增长的方式必须具有环境的可持续性，即很少地消耗不可再生的自然资源和减少对环境的影响，绝对不能危及生态体系的承载极限。

（2）环境与社会

强调社会公平是确保可持续发展成为人类共同行动的前提，即不同国家、地区和社群能够享受平等的发展机会，而不是以牺牲一部分国家、地区和社群的利益为代价。

少数发达国家耗用了大部分的自然资源，同时也产生了更多的环境后果。除非改善最穷人群的经济前景，否则全球环境保护是不可能的。

2. 《全球21世纪议程》

《全球21世纪议程》是一个包罗万象的纲领，涉及人类可持续发展的所有领域，提出了经济、社会和环境协同发展的行动纲领，也强调可持续发展在管理、科技、教育和公众参与等方面的能力建设。整个文件分为四个部分，分别涉及经济与社会的可持续发展、可持续发展的资源利用与环境保护、社会公众与团体在可持续发展中的作用、可持续发展的实施手段与能力建设。每个部分又都分为四个层面，分别是可持续发展的主要体系（经济与社会、资源与环境、公众与社团、手段与能力）、基本方面、方案领域与行动举措。

3. 知识经济、信息社会和经济全球化

（1）知识经济

"知识经济"概念出现在1990年初。经济合作发展组织（OECD）的《1996年度科学、技术和产业展望》提出"以知识为基础的经济"概念，其定义是"知识经济直接以生产、分配和利用知识与信息为基础"。

自从工业革命以来，知识和技术对于经济发展的推动作用是一直存在的，但其主导地位近年日益显著。根据经济合作与发展组织提出的有关知识经济内涵的解释，知识经济具有四个主要特点：

① 科技创新：在知识经济时代，科技创新成为最重要的发展资源，被称为无形资产。

② 信息技术：信息技术使知识被转化为数码信息而能够以极其有限的成本广为传播，是重要的技术基础。

③ 服务产业：在从工业经济向知识经济演进的同时，产业结构经历着从以制造业为主向以服务业为主的转型，因为生产性服务业是知识密集型产业。

④ 人力素质：人力资源作为发展的要素，已经不是一个广义概念，人的智力取代人的体力成为真正意义上的发展资源，因而教育是国家发展的基础所在。

（2）信息社会

知识对于经济发展的推动作用必须经过生产、传播和应用三个环节。知识传播的信息化大大地缩短了从知识产生到知识应用的周期，促进了知识对于经济发展的主导作用。正是因为信息化对于知识经济的关键作用，现代社会被称为"信息社会"，信息产业也成为知识经济时代中增长最为迅猛的产业。

（3）经济全球化

与知识经济和信息社会密切关联的是经济全球化进程。经济全球化是指各国之间在经济上越来越相互依存，各种发展资源（如信息、技术、资金和人力）的跨国流动规模越来越扩大，经济全球化表现出几个基本特征：

① 跨国公司在世界经济中的主导地位越来越突出，管理/控制—研究/开发—生产/装配三个基本层面的空间配置已经不再受到国界局限。

② 各国的经济体系越来越开放，国际贸易额占各国生产总值的比重逐年上升，关税壁垒正在彻底瓦解之中。

③ 各种发展资源（如信息、技术、资金和人力）的跨国流动规模不断扩大。

信息、通信和交通的技术革命使资源跨国流动的成本日益降低，为经济全球化提供了强有力的支撑。国际互联网和各国信息高速公路的形成使电子商务广泛普及。这将在生产性服务领域带来一场全球化革命。在全球化进程中，空间经济和结构重组导致城市和区域体系的演化。

3.4.2　当代城市规划的主要理论和理念

1. 可持续发展的规划思考

现代城市规划的核心是土地资源配置，目的是控制人类的土地利用活动可能产生的消极外部效应（特别是对环境的影响），因此城市规划在可持续发展的行动过程中发挥特殊作用，引发了各国规划师的广泛关注。1990 年，英国城乡规划协会成立了可持续发展研究小组，经过三年的研究工作，于 1993 年发表了《可持续发展的规划对策》，提出将可持续发展的概念和原则引入城市规划实践，并称其为环境规划，即将环境要素管理纳入各个层面的空间发展规划。

英国城乡规划协会的研究报告以城市区作为环境规划的基本空间单元，并提出了土地使用和交通、自然资源、能源、污染和废弃物四个方面的基本原则。

① 土地使用和交通：缩短通勤和日常生活的出行距离；提高公共交通在出行方式中的比重，并使公共交通具有合理的载客量；采取以公共交通为主导的紧凑发展形态。

② 自然资源：提高生物多样性程度；维护地表水存量和地表土品质；更多地使用和生产可再生的材料。

③ 能源：显著减少化石燃料的消耗，更多地采用可再生的能源（如太阳能、风能和潮汐能）；改进材料的绝缘性能，以减少能源浪费；建筑物的形式和布局应有助于提高能效。

④ 污染和废弃物：减少污染排放，改善空气、水体和土壤的品质；减少废弃物的总量，更多地采用"闭合循环"的生产过程，提高废弃物的再生利用程度。

2. 经济全球化与城市和区域发展

在知识经济、信息社会和经济全球化的经济和社会背景下，城市体系正经历着结构重组，表现为：（1）在发达国家和部分新兴工业化国家/地区形成一系列全球性和区域性的经济中心城市，对于全球和区域经济的主导作用越来越显著；（2）制造业资本的跨国投资促进了发展中国家的城市迅速发展，同时成为跨国公司的制造/装配基地；（3）在发达国家或地区出现一系列科技创新中心和高科技产业基地，而发达国家或地区的传统工业城市普遍衰退，只有少数城市成功地经历了产业结构转型。

3.4.3　当代城市规划的重要实践

1. 基于可持续发展理念的新城市主义规划实践

美国规划师对于战后的郊区化行进行了反思，提出一种基于可持续发展理念的住区发展模式，称为新城市主义。其具有如下一些特征：

（1）紧凑的形态

与沿着高速公路无限蔓延的郊区化模式不同，都市村落围绕着公共交通走廊（如轻轨线路）的节点布置，住区发展半径约为400m，以确保住区居民到公交站点步行时距在5min之内。

（2）适当的密度

与郊区化的低密度发展不同，都市村落的相当部分住宅为2~3层的公寓，私家花园的面积较小，强调住区的公共领域，既节约了土地资源，也是为了满足日益增长的单生家庭和无孩家庭的住房需求。

（3）混合用地

传统的规划中居住与就业空间分离，导致私人小汽车成为主要交通方式，都市村落采取土地混合用途，使居住、就业和服务中心之间的联系更为紧密，尽可能采取步行方式，这也符合后工业化社会中以服务产业为主的发展趋势。

（4）公共交通主导

在住区内部交通以步行为主的同时，都市村落之间的通勤交通可以以快速轨道交通为主，因为各个都市村落都围绕着公共交通走廊节点发展。

（5）面向步行者的街道

都市村落的紧凑形态使提倡步行成为一种生活方式，街道空间应该面向步行者而不是汽车，成为一种社会场所，有利于促进社区的认同感。

（6）调试性强的建筑物

建筑设计要使空间能够适应不同的用途，从而延长建筑物的经济寿命，作为节约资源的一项措施。

2. 知识经济、信息社会和经济全球化背景下的城市规划实践

在知识经济、信息社会和经济全球化的背景下，产业园区建设成为当代城市规划的重要实践，包括发达国家的高科技园区和发展中国家的出口加工区。

（1）发达国家的高科技园区

如同工业化初期的工业区建设一样，知识经济时代的高科技园区是促进高科技产业发展所需要的建成环境。西方学者的一项研究认为，高科技园区有四种基本类型。第一种类型是高科技企业的聚集区，与所在地区的科技创新环境紧密相关。第二种类型是科技城，完全是科学研究中心，与制造业并无直接的地域联系。第三种类型称为技术园区，作为政府的经济发展策略，在一个特定地域内提供各种优越条件（包括优惠政策），吸引高科技企业的投资。第四种类型是建立完整的科技都会，作为区域发展和产业布局的一项计划。

高科技园区的发展主要集中在发达国家以及新兴工业化国家或地区（如韩国和新加坡）。少数发展中国家（如中国和印度）的经济结构处于二元状态，传统的制造业仍然是国家经济的主体，但已经形成了少量的高科技产业，借鉴发达国家的经验，政府也在大力推动高科技园区的建设。

（2）发展中国家的出口加工区——我国的城市开发区

20 世纪 70 年代以来，全球跨国投资一直呈上升趋势。近年来，流入发展中国家的跨国投资占了全球总量的 1/3 左右，主要是制造业的投资，表明发展中国家越来越成为跨国公司的制造/装配基地。改革开放以后，我国成为跨国投资的主要吸纳地之一。伴随着外资的不断涌入，开发区成为我国城市规划的一项重要实践。

经济特区的目的不仅是吸引外国投资，更重要的是作为改革开放的综合性试验基地，包括经济的、社会的和政治的各项举措。相对而言，各类开发区的目的不只是吸引外国投资和借鉴跨国企业的管理经验，更重要的是带动我国的经济发展和工业现代化。相对于城市建成区而言，新建开发区更有利于为外资提供良好的投资环境。第一，开发区的基础设施水准往往要高于已有的建成区；第二，打造理想的物质环境；第三，提供一系列优惠政策（特别是税收政策），一个边界明确的地域有助于各项优惠政策的实施和管理。

在城市开发区建设进入高潮的同时，我国的乡村地区也纷纷建立各类开发区，以廉价的土地和劳力，以及环境保护和社会保障的放松管制，吸引需要大量的劳力和土地的国内外投资，为农村剩余劳动力提供了相当可观的就业岗位，同时也推动了乡村地区的工业化和城市化进程，但在环境方面也付出了十分沉重的代价。

第4章　国土空间规划

城市是区域的组成部分，与城市周围外部环境密切相关，因此城市化发展作为一种国土空间功能与区域系统的其他功能有很强的相互作用。

国土空间规划是以协调城市化和工业化开发与生态保护、合理资源利用、保障农业安全之间的关系为目标，对国土资源开发、利用、整治和保护进行的综合性战略部署，也是对国土重大建设活动的综合空间布局。在城乡规划的编制过程中，需要很好地处理区域系统中各种功能之间的空间关系，否则会造成国土空间的无序开发，影响区域协调发展。

4.1　国土空间规划概论

4.1.1　国土空间规划发展背景

空间规划体系是以空间资源的合理保护和有效利用为核心，从空间资源（土地、海洋、生态等）保护、空间要素统筹、空间结构优化、空间效率提升、空间权利公平等方面为突破，探索"多规融合"模式下的规划编制、实施、管理与监督机制。我国的空间规划体系包括全国、省、市县三个层面。

工业革命之后，西方各国都进入到城市化和工业化高速发展的时期，带来了各国经济的高速发展，但同时也带来了环境污染、生态恶化、资源紧张、城市人口膨胀等严重问题。与此同时，空间的无序开发增加了各国政府对国土开发的管理难度，不利于各国经济的可持续发展。因此，进入20世纪后半叶，世界各国尤其是发达国家纷纷出于促进区域均衡、统筹配置国土开发和提升本国竞争力的考虑，提出各自的国土空间规划及其相关发展战略。

对于我国来说，这样的需求显得更为明显。近三十多年的高速发展，使得我国经济和社会各项事业都取得了令人瞩目的成就，但也暴露出一些严重的区域发展失衡问题，例如区域发展差距扩大，体现在发达地区与欠发达地区之间和城乡之间的差距扩大；区域生态环境质量下降，破坏了整体的生态安全格局和未来生存基础，对我国可持续发展带来巨大威胁。

因此进入21世纪以来，遵循自然和经济发展规律，从战略层面合理配置人类活动的空间分布，建立人口、经济布局与资源环境承载能力相适应的空间开发方式，成为当前我国可持续发展的关键问题。这也是我国正式启动国土空间规划工作，实施主体功能区战略的时代背景。

纵观各国国土空间规划的提出过程，可以总结出国土空间规划的核心目标主要有以下几点：（1）根据资源环境承载能力，确定资源开发（尤其是国土资源开发）的合理规模，遏制空间无序开发；（2）科学配置人口和经济活动布局，培育和提升区域竞争力，促进区域均衡发展；（3）确定人口和产业集聚、农业发展、资源开发、生态保护等重要国土功能的空间布局，形成协调的国土空间结构。

4.1.2 国土空间规划的理论基础

国土空间规划涉及区域发展的各个相关领域，其理论基础呈现出明显的学科交叉性质，包括地理学、经济学、生态学、资源科学、环境科学等多个学科门类，具体来说，主要涉及以下重要理论：

1. 资源环境承载力

在国土空间规划中，资源环境承载力是确定城镇人口布局和引导产业空间布局的根本依据，也是一切规划的基础内容。

资源环境承载力是指某区域一定时期内在确保资源合理开发利用和生态环境良性循环的条件下，资源及环境能够承载的人口数量及相应的经济社会活动总量的能力和容量。资源环境承载力理论的起源可以追溯到马尔萨斯时代。马尔萨斯是第一个看到环境限制因子对人类社会物质增长过程有重要影响的科学家，他的资源有限并影响人口增长的理论不仅反映了当时的社会存在，而且对后来的科学研究产生了广泛的影响。达尔文在其进化论观点中采用了人口几何增长和资源有限约束的观点。将马尔萨斯的理论用逻辑斯谛方程的形式表示出来，用容纳能力指标反映环境约束对人口增长的限制作用，可以说是现今研究承载力的起源。生态学家将容纳能力定义为：对某一具体的研究区域，在不削弱其未来支持给定种群的条件下，当前的资源和环境状况所能支持的最大种群数量。在20世纪60年代晚期至70年代早期，容纳能力的概念被广泛用于讨论环境对人类活动的限制，用来说明生态系统和经济系统之间的相互影响。在人类活动与生态环境之间的矛盾关系日益突出的情况下，人们意识到人类社会系统只是生态系统的一个子系统，人类社会系统结构和功能的好坏取决于生态系统的结构和功能的状态，生态系统提供的资源和环境支撑起整个人类社会系统。因此在讨论生态系统所提供的资源和环境与人类社会系统之间的关系时，突破了以前的环境容纳能力的概念，提出了承载力的概念，并将研究领域拓展到包括生态、农业、社会、经济等多个领域，形成了现代资源环境承载力理论。

2. 地域空间组织理论

由于各种经济活动的经济技术特点及由此而决定的区位特征存在差异，所以它们在地理空间上所表现出的形态是不一样的。比如，工业、商业等表现为点状，交通、通信等表现为线状，农业多表现为面状。这些具有不同特质或经济意义的点、线、面依据其内在的经济技术联系和空间位置关系，相互连接在一起，就形成了有特定功能的区域空间结构。空间结构的形成与演变有其内在的规律，形成了地域空间组织理论。国土空间规划需要科学地安排人口、经济、产业的空间布局，提高国土开发效率，需要遵循这样的规律。

（1）农业区位论、工业区位论

农业区位论指以城市为中心，由内向外呈同心圆状分布的农业地带，因其与中心城市的距离不同而引起生产基础和利润收入的地区差异。这是由德国农业经济学家杜能（J. H. Thünen）首先提出的。杜能学说的意义不仅在于阐明市场距离对于农业生产集约程度和土地利用类型（农业类型）的影响，更重要的是首次确立了土地利用方式（或农业类型）的区位存在着客观规律性和优势区位的相对性，为其他产业的区位论奠定了基础。

德国经济学家韦伯（Max Weber），从经济区位的角度，选择了以生产、流通、消费三大经济活动基本环节的工业生产活动作为研究对象，通过探索工业生产活动的区位原理，试图说明与解释人口的地域间大规模移动以及城市人口与产业的集聚机制。他于1909年出版著作《工业区位论》，从而创立了工业区位论。农业区位论和工业区位论对指导产业空间组织具有重要的意义。

（2）中心地理论

中心地理论是由德国城市地理学家克里斯泰勒（W. Christaller）和德国经济学家廖什（A. Losch）分别于1933年和1940年提出的，它是研究城市群和城市化的基础理论之一。中心地理论主要是关于城市等级划分、都市与农村相互作用、城市内和城市间的社会和经济空间模型、城市规模及职能布局、零售业和服务业空间布局、区域公共服务设施空间布局的研究，对城市及区域空间结构的研究产生了深远的影响，并在设计和规划区域城镇体系工作中广泛应用。

（3）区域空间结构理论

区域空间结构理论是一定区域范围内社会经济各组成部分及其组合类型的空间相互作用和空间位置关系，以及反映这种关系的空间集聚规模和集聚程度的学说。该理论是在古典区位理论、中心地理论的基础上发展起来的，综合研究区域发展中各种经济活动的空间分布状态和空间组合形式。其主要关注增长极的形成、中心地区的极化效应、区域间要素的流动以及空间相互作用等方面，在实践中用来指导制订国土开发和区域发展战略。

（4）地域功能理论

国土空间规划的核心目标是空间管制，重点在于国土空间的利用方向，即功能的管制。在国土空间上所承载的这种功能就是地域功能，它是一定地域在背景区域内、在自然生态系统可持续发展和人类生产生活活动中所履行的职能和发挥的作用。地域功能依附于地球表层系统中承担特定功能的一定尺度的地域空间，就形成了各种各样的功能区。国土空间规划对国土开发、利用、整治、保护进行战略部署的核心手段，就是通过识别出不同地区对于各种地域功能的适宜程度，从而划分出各类功能区，继而进行因地制宜的规划安排。

现代地域功能理论学术思想萌芽于 19 世纪西方近代地理学的区域研究和区划实践。从法国的区域研究到德国的景观学派和英国的区划工作，都包含着不同区域应当承担不同功能、人类社会应按照用途（功能）进行国土空间管制的思想。与此同时，以白兰士、白吕纳、施吕特尔、赫特纳、拉采尔等为代表的西方地理学家还确立了人地相互关联的地理学研究视角，这实际上也为认识地域功能提供了一种最佳的理念。现代地域功能理论学术思想在 20 世纪的地理学研究和区域开发实践中得到了传承和发展。自然地理地域分异理论、人地关系地域系统理论、区位论和空间结构理论、可持续发展理论的提出加深了对陆地表层功能分异规律的认识，为现代地域功能理论的产生奠定了坚实的基础。美国的土地利用规划、德国的空间规划以及我国在 1920 年代开始的部门区划，都有力地推动了区划技术和方法的提升。我国学者经过十多年的探索，在地域功能与区域发展均衡模型、资源环境承载力及其地域分异规律、地域功能识别与功能区划技术方法、地域功能格局变动机制与区域政策等领域取得了大量的研究成果。目前我国正在实施的主体功能区战略正是国土空间规划与地域功能区划相互促进的结果。

（5）空间均衡理论

促进空间均衡发展是国土空间规划的终极目标。所谓区域均衡发展理论，是指每个区域都能够按照功能定位合理选择开发与保护活动，且每个区域的居民都能够享受到大体相同的生活水平。对区域均衡发展理论的认识也是不断发展的，它一方面强调部门或产业间的平衡发展、同步发展，另一方面强调区域间或区域内部的平衡（同步）发展，即空间的均衡化。该理论认为，随着生产要素的区际流动，各区域的经济发展水平将趋于收敛（平衡），主张在区域内均衡布局生产力，空间上均衡投资，各产业均衡发展，齐头并进，最终实现区域经济的均衡发展。因此空间均衡是区域发展的一种最终状态，是国土空间格局形成和演变的根本机制。

我国学者从区域发展的长远考虑，指出了国土空间均衡的若干重大问题和关系，并从人地关系相互作用规律的分析视角，以地域功能生成机理研究为基本切入点，分析了综合自然地理条件的地域分异和人类社会活动空间组织规律，总结了构成陆地表层系统功能分异的主要驱动力。在分析地域功能基本属性和传承创新地学理论的基础上，提出了作为主体功能区划科学基础和地域功能理论核心概念的区域发展空间均衡模型。区域发展均衡是指每个区域都能够按照功能定位合理选择开发与保护活动，且每个区域的居民都能够享受到大体相同的生活水平。区域均衡模型一方面为研究地域功能生成过程和分类体系以及功能区划和调控方式奠定理论基础，也为以地域功能为主体组织有序空间的规划提供科学依据。

4.2　主体功能区规划

主体功能区规划是我国第一次颁布实施的从国家战略高度提出的中长期国土开发

总体规划，立足于构筑我国长远的、可持续的发展蓝图，主要涉及国家影响力和控制力的提升、人口和产业未来的集聚、生态和粮食安全格局的保障。全国主体功能区规划于 2000 年开始酝酿，经历了 10 年时间完成，形成了一系列的规划制度。这是我国第一个国土空间开发规划，是战略性、基础性、约束性的规划。实施主体功能区规划，推进主体功能区建设，是中国国土空间开发思路和开发模式的重大转变，是国家区域调控理念和调控方式的重大创新，对推动科学发展、加快转变经济发展方式具有重要意义。

1. 主体功能区规划的理念

我国地域辽阔，自然条件空间分异显著，不同地区在全国经济、社会、资源、生态系统中所履行的功能不尽相同。主体功能区规划将全国国土空间划分为优化开发、重点开发、限制开发和禁止开发四类主体功能，就是要根据不同区域的资源环境承载能力、现有开发强度和发展潜力，统筹谋划人口分布、经济布局、国土利用和城镇化格局，确定不同区域的主体功能，并据此明确开发方向，完善开发政策，控制开发强度，规范开发秩序，逐步形成人口、经济、资源环境相协调的国土空间开发格局。主体功能区规划主要从以下几方面进行功能空间组织：

（1）优化国土空间结构

调整当前我国生产空间扩张过快、生态空间被侵蚀严重的现状，在优先保证生活空间的基础上，扩大生态空间，适当压缩生产空间，将国土开发活动由追求量的扩大转向注重内部结构调整。

（2）保护自然生态

对于自然生态系统的保护中具有重要功能的森林、水体、山地等进行严格保护，以保障自然生态功能中最基本、最重要、最难被修复的生态服务功能。对于生态环境脆弱的地区，要严格控制大规模城市化和工业化的开发，并对自然生态进行积极的修复。

（3）有度有序开发

严格按照资源环境承载力来约束国土开发的强度，以保障国土开发不超出国家和地区的土地资源、水资源、矿产资源以及其他各类资源的承载能力。同时促进空间开发的有序性，保证产业空间和城镇空间不影响林地、耕地、水体等作为保障生态安全和农产品供给安全的空间。

（4）集约高效开发

对于资源环境承载力较强、未来发展潜力较好的地区进行优化和重点开发。一方面要集约利用土地，提高开发效率，另一方面促进经济和产业集聚，提升地区整体竞争能力。

2. 主体功能类型及其发展方向

主体功能区规划中，按照开发方式将国土空间划分为优化开发区域、重点开发区域、限制开发区域和禁止开发区域四类主体功能区；按开发内容划分，则分为城市化地区、农产品主产区和重点生态功能区；按层级划分，则分为国家和省级两个层面。其功能区划的主要内容如下：

(1) 优化开发区域

是指国土开发密度已经较高、资源环境承载能力开始减弱的区域。这些区域经济较发达，人口较密集，开发强度较高，资源环境问题更为突出，是应该优化进行工业化开发的城市化地区。在全国主体功能区规划中，共划出环渤海地区、长江三角洲地区和珠江三角洲地区三片国家优化开发区域。优化的方向包括两个层面，一是空间结构的优化，着重调整土地利用结构和开发效率；二是发展方式的优化，进一步提升区域创新能力，促进产业结构的调整和升级，发展高技术、高附加值、环保的新兴产业，将整个区域提升至与全球分工竞争的层次。

(2) 重点开发区域

是指资源环境承载能力较强、经济和人口集聚条件较好的区域。这些区域有一定的经济基础、环境承载能力较强、发展潜力较大、集聚人口和经济的条件较好，是应重点进行工业化开发的城市化地区。这样的功能区主要集中在中西部地区，未来将成为国家和地方引领区域发展的新的增长极，并支撑起国土空间开发的框架，对全国区域协调发展意义重大。这些区域的发展方向是扩大城市规模，促进人口集聚，形成现代化产业体系。其目的是通过大规模的城市化和工业化发展成为新型的城市群地区，带动各区域尤其是广大中西部地区的发展。

(3) 限制开发区域

是指资源承载能力较弱、大规模集聚经济和人口条件不够好并关系到全国或较大区域范围生态安全的区域。其主要分为农产品主产区和重点生态功能区两类。

① 农产品主产区

是指耕地较多、农业发展条件较好，尽管也适合城镇化开发，但从保障全国农产品安全以及永续发展的需要出发，把增强农业综合生产能力作为首要任务而限制大规模高强度开发的地区。这些地区基本位于我国传统的农业、牧业地区，未来这些地区将成为以大面积永久性耕地、牧草地为基础的农业空间，成为保障农产品安全的关键性地区。其未来发展导向是保护耕地和牧草地，提高农产品供应能力，保障全国和区域的农产品安全。同时依托现有城镇，选择适宜的产业发展道路，实现城市化和工业化的适度发展。

② 重点生态功能区

是指因生态系统脆弱或生态功能重要、资源环境承载能力较低，不具备大规模高强度城镇化开发的条件，把增强生态产品生产能力作为首要任务而限制进行大规模高强度城镇化开发的地区。这些地区提供较大数量的生态产品，关系到全国或较大范围的生态安全，需要通过规划和保护形成保障全国和区域生态安全的生态屏障。对于重点生态功能区来说，生态修复、保护环境、提供生态产品是首要任务，同时可以因地制宜地发展资源环境可承载的适宜经济形式，引导人口逐步有序转移。

（4）禁止开发区域

是指依法设立的各级各类自然、文化、资源保护区域，以及其他禁止进行城镇化开发、需要特殊保护的重点生态功能区。该类区域要依据法律法规的规定和相关规划实施强制性保护，严格控制人为因素对自然生态和文化自然遗产原真性、完整性的干扰，严禁不符合功能定位的各类开发活动，引导人口有序转移，实现污染物零排放，提高环境质量。

3. 主体功能区规划的主要内容

主体功能区规划主要包括三方面内容：确定国土空间结构、划分各类主体功能区和制订政策体系。

（1）确定国土空间结构

① 设计空间开发格局：提出城市化发展战略格局，确定主要的大城市群、人口产业集聚区以及国土开发轴线，形成点、线、面相结合的国土开发战略总图；确定重要的农牧产品产区及各产区的主要农产品种类，形成区、带结合的农业发展战略总图；明确重要的生态屏障和重要生态功能区，确定需要重点保护的生态安全战略格局。

② 确定国土空间开发的规划指标：总量指标（城市空间面积、农村居民点面积、耕地保有量、草地面积、林地面积等）、结构性指标（国土开发强度、森林覆盖率等）以及效率相关指标（人口密度、单位土地生产总值产出、农产品单产、单位生态空间提供生态产品的能力、大气环境质量、水环境质量等）。

③ 提出有关区域协调发展的规划目标：区域间居民收入水平的差距、城乡收入差距、扣除成本因素后的人均财政支出差距、基本公共服务均等化程度等。

（2）划分各类主体功能区

划分各类主体功能区是主体功能区规划的核心任务，也是一切规划的落脚点。分为国家和省级两个层面来完成，每个层次分别承担不同的规划任务。

国家主体功能区规划负责划分国家限制开发区域和国家禁止开发区域，并指定国家优化开发区域和国家重点开发区名录；省级主体功能区规划负责根据国家公布的国家优化开发区域和国家重点开发区名录的具体范围，并将未被划分为国家类主体功能区的区域划分为省级各类主体功能区。图 4-1 为国家和省级主体功能区划分的工作分工。

在区划单元上，除禁止开发区域按实际边界划分、限制开发区域的重点生态功能区按自然边界进行划分之外，其他各类主体功能区基本原则是以县级行政区为基本划分单元。西部地区面积较大、内部功能分异较明显的县域，可以根据实际情况在县域内划分限制开发的农产品主产区或重点生态功能区。

（3）制订政策体系

主体功能区规划是涉及国土空间开发的各项政策措施及其制度安排的基础平台，需要各有关部门调整完善现行的政策和制度安排，形成健全的主体功能区布局的政策

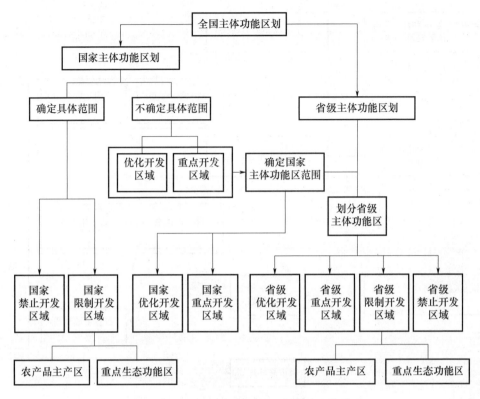

图 4-1　国家和省级主体功能区划分的工作分工

体系。主体功能区规划的政策体系包含多种类型，主要有财政政策、投资政策、产业政策、土地政策、农业政策、人口政策、环境政策等。

4. 主体功能区规划的地位

推进形成主体功能区，有利于推进经济结构战略性调整；有利于按照以人为本的理念推进区域协调发展，缩小地区间基本公共服务和人民生活水平的差距；有利于引导人口分布、经济布局与资源环境承载能力相适应，促进人口、经济、资源环境的空间均衡；有利于从源头上扭转生态环境恶化趋势，促进资源节约和环境保护，应对和减缓气候变化，实现可持续发展；有利于打破行政区划界限，制订实施更有针对性的区域政策和绩效考核评价体系，加强和改善区域调控。

因此主体功能区战略实施后，主体功能区规划与国民经济和社会发展规划成为我国规划体系中具有最高指导功能的规划，而主体功能区规划是空间领域的最高规划。横向上来说，主体功能区规划是土地利用规划、城市规划及其他部门规划的基本依据；纵向上来说，主体功能区规划对区域规划编制具有指导和约束功能，进而对城市、村镇尺度的各类规划产生影响。图 4-2 为主体功能区在国家规划体系中的地位。

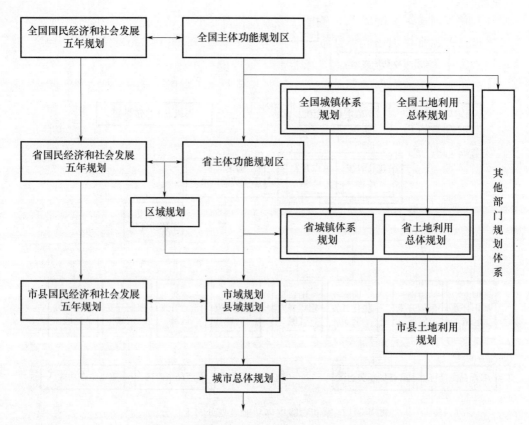

图 4-2　主体功能区在国家规划体系中的地位

4.3　全国、省域层面的主体功能区规划

4.3.1　全国主体功能区规划

全国主体功能区规划是我国第一部全国性的国土空间规划，完整的规划成果包括一系列研究报告和规划文本。

研究报告以国土空间综合评价和功能区划为核心，通过对可利用土地资源、可利用水资源、环境容量、生态系统脆弱性、生态重要性、自然灾害危险性、人口集聚度、经济发展水平和交通优势 9 个指标进行评价的基础上，从区域发展的资源环境基础、国土空间安全保障、区域发展潜力条件 3 个角度对我国国土空间的现状、趋势和问题进行了综合评估，分析了国土的空间结构，划分了各类功能区。

基于研究报告，对全国国土空间开发做出如下规划安排：

1. 确定未来的国土开发空间格局

对未来国土空间开发制订了三大格局。一是构建以"两横三纵"为主体的城市化战略格局。"两横"指沿欧亚大陆桥轴线和沿长江轴线，"三纵"指沿海轴线、京哈京广轴线和包昆通道。围绕以上 5 条轴线形成环渤海、长江三角洲、珠江三角洲地区 3 个特大城市群，推进以哈长、江淮、海峡西岸、中原、长江中游、北部湾、成渝、关中—天水等地区形成若干新的大城市群和区域性的城市群。二是构建以"两屏三带"为主体的生态安全战略格局。"两屏"指青藏高原生态屏障、黄土高原—川滇生态屏障，"三带"指东北森林带、北方防沙带和南方丘陵山地带以及大江大河重要水系，以此为骨架形成重点生态功能区的空间格局。三是构建以"七区二十三带"为主体的农业战略格局。围绕 7 大农产品主产区和 23 个优势农产品产业带，以基本农田为基础，形成农业战略格局。

2. 确定国家层面的主体功能区

规划共划分出 3 个国家级优化开发区域、18 个国家级重点开发区域、7 片农产品主产区国家级限制开发区域、25 片重点生态功能区国家级限制开发区域和 1443 处国家级禁止开发区域，确定了各个国家级主体功能区的功能定位、发展方向和国土空间开发原则。表 4-1 为国家层面的主体功能区。

表 4-1　国家层面的主体功能区

国家级优化 开发区域	国家级重点 开发区域	国家级限制开发区域 （农产品主产区）	国家级限制开发区域重点（生态功能区）
环渤海地区 长江三角洲地区 珠江三角洲地区	冀中南地区 太原城市群 呼包鄂榆地区 哈长地区 东陇海地区 江淮地区 海峡西岸经济带 中原城市群 长江中游地区 北部湾地区 成渝地区 黔中地区 滇中地区 藏中南地区 关中—天水地区 兰州—西宁地区 宁夏沿黄经济区 天山北坡经济区	东北平原主产区 黄淮海平原主产区 长江流域主产区 汾渭平原主产区 河套灌区主产区 华南主产区 甘肃-新疆主产区	大小兴安岭森林生态功能区 长白山森林生态功能区 阿尔泰山地森林草原生态功能区 三江源草原草甸湿地生态功能区 若尔盖草原湿地生态功能区 甘南黄河重要水源补给生态功能区 祁连山冰川与水源涵养生态功能区 南岭山地森林及生物多样性生态功能区 黄土高原丘陵沟壑水土保持生态功能区 大别山水土保持生态功能区 贵黔滇喀斯特石漠化防治生态功能区 三峡库区水土保持生态功能区 塔里木河荒漠化防治生态功能区 阿尔金草原荒漠化防治生态功能区 呼伦贝尔草原草甸生态功能区 科尔沁草原生态功能区 浑善达克沙漠化防治生态功能区 阴山北麓草原生态功能区 川滇森林及生物多样性生态功能区 秦巴生物多样性生态功能区 藏东南高原边缘森林生态功能区 藏西北羌塘高原荒漠生态功能区 三江平原湿地生态功能区 武陵山区生物多样性及水土保持生态功能区 海南岛中部山区热带雨林生态功能区

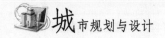

3. 国土空间开发指标

全国主体功能区规划从优化国土空间结构的角度，确定了未来国土空间开发的约束性指标或发展目标。例如至 2020 年全国土地开发强度控制在 3.91%，城市空间控制在 10.65 万 km² 以内，农村居民点控制在 16 万 km² 以内；全国耕地保有量不低于 120.33 万 km²，基本农田不低于 104 万 km²，林地保有量增加到 312 万 km² 以上，森林覆盖率超过 23%，草地覆盖率超过 40%。

此外，规划还建立健全保障规划实施的法律法规、体制机制、绩效考核评价体系，以确保主体功能区规划的实施。

全国主体功能区规划是我国首次将国家的区域发展战略与空间规划相结合，并通过规划的形式明确了我国未来国土空间开发的目标和战略格局，为其他层面的空间规划提供了依据，它的颁布具有划时代的意义。

4.3.2　省域主体功能区规划

省域主体功能区规划是根据全国主体功能区规划对于编制省域主体功能区规划的要求，在国务院的统一部署下进行编制完成的。

在国家主体功能区规划颁布后，全国各省市陆续出台省级层面的主体功能区规划。在按照开发方式细述各类区域的同时，按照开发内容，确立了区域发展的整体布局。现仅以北京、广东、江苏和京津冀地区为例。

《北京市主体功能区规划》将北京划分为首都功能核心区、城市功能拓展区、城市发展新区、生态涵养发展区等四类功能区域和禁止开发区域。2017 年 9 月，北京城市总体规划（2016—2035 年）出台，提出构建"一核一主一副、两轴多点一区"的城市空间结构。其中，一核指首都功能核心区；一主指中心城区；一副指北京城市副中心；两轴指中轴线及其延长线、长安街及其延长线；多点指 5 个位于平原地区的新城；一区指生态涵养区。

《广东省主体功能区规划》提出着力构建"五大战略格局"，即"核心优化、双轴拓展、多极增长、绿屏保护"的国土开发总体战略格局，"一群、三区、六轴"的网络化城市发展战略格局，以"四区、两带"为主体的农业战略格局，以"两屏、一带、一网"为主体的生态安全战略格局，以"三大网络、三大系统"为主体的综合交通战略格局。其中，"一群"指珠三角城市群，是广东省城镇空间格局的核心力量与辐射源；"三区"包括潮汕城镇密集区、湛茂城镇密集区和韶关城镇集中区，是广东省未来社会经济发展的新引擎。

《江苏省主体功能区规划》提出构建全省城镇化、农业和生态三大空间开发战略格局：以沿江城市群、沿海城镇轴、沿东陇海城镇轴和沿运河城镇轴为主体的"一群三轴"城镇化空间格局，作为全省乃至全国工业化和城镇化发展的重要空间；以沿江农业带、沿海农业带和太湖农业区、江淮农业区、渠北农业区"两带三区"为主体的农业空间格局；以长江和洪泽湖—淮河入海水道两条水生态廊道、海岸带和西部丘陵湖荡屏障为主体的"两横两纵"生态空间格局。

在跨省级层面上，《京津冀协同发展规划纲要》确定"功能互补、区域联动、轴向集聚、节点支撑"的布局思路，明确"一核、双城、三轴、四区、多节点"的网络型空间格局，其中"四区"分别是中部核心功能区、东部滨海发展区、南部功能拓展区和西北部生态涵养区。

省域主体功能区规划，是全国主体功能区规划在省域范围内的落实，有效衔接了下位规划，为今后开展县市级的空间规划和其他部门规划提供了依据。

第5章 区域与城乡总体规划

5.1 城市化概论

由于生产力水平和交通运输方式的制约，近代以前的城市化只是一个极其缓慢的过程，工业革命的到来意味着真正城市化阶段的到来，城市化的进程大大加快，从发达国家开始，进而波及其他发展中国家，将全球带入到城市化世界。

5.1.1 城市化的含义

城市化是18世纪工业革命以后社会发展的世界性现象，世界各国先后开始从以农业为主的传统乡村社会转向以工业和服务业为主的现代城市社会，这是一个自然的历史过程。城市化是个复杂的过程，对这一过程的理解，不同学科有不同的见解。

1. 社会学家认为，城市化是一个城市生活方式的发展过程，它意味着人们不断被吸入到城市中，被纳入城市的生活组织中，而且随着城市的发展，城市生活方式将被不断强化。

2. 人口学家认为，城市生活方式的扩大是人口向城市集中的结果。城市化过程就是人口向城市集中的过程。这个过程有两种方式，一是人口集中场所（即城市地区）数量的增加，二是每个城市地区人口规模的不断增加。

3. 从经济学的角度来看，城市生活方式是一种以非农产业生产为基础的生活方式，人口向城市集中是为了满足第二产业和第三产业对劳动力的需求而出现的。因此，城市化是由经济专业化的发展和技术的进步，人们离开农业活动向非农业活动转移并产生空间集聚的过程。

4. 从地理学角度来看，第二、第三产业向城市集中就是非农部门的经济区位向城市集中，人口向城市集中是劳动力和消费区位向城市集中。这一过程包括已有城市向外扩展以及在农业区甚至未开发区形成新的城市，也包括城市内部已有的经济区位向更集约的空间配置和更高效率的城市结构形态的发展。

上述对城市化的理解并不矛盾，而是相互补充。城市化过程是一个影响极为深广的社会经济变化过程。它既有人口和非农活动向城市的转型、集中、强化和分异，以及城市地域景观的地域推进等人们看得见的实体变化过程，也包括了城市的经济、社会、技术变革在城市等级体系中的扩散并进入乡村地区，甚至包括从城市文化、生活方式、价值观念等向乡村地域扩散较为抽象的精神上的变化过程。

总之，城市化的含义是人类工业社会时代，社会经济发展中农业活动的比重逐渐下降和非农活动的比重逐渐上升的过程。与这种经济结构的变动相适应，出现了乡村人口的比重逐渐降低和城市人口比重稳步上升，居民点的物质空间环境和人们的生活方式逐渐向城市型转化或强化的过程。

5.1.2　城市化的发展阶段

1. 世界城市化进程

自工业革命以来的两百多年间，从城市自身发展的角度来看，可以将近现代意义上的城市化发展分为四个阶段：第一阶段自工业革命至 20 世纪 50 年代，为城市化集中发展阶段；第二阶段为郊区化发展阶段，自 20 世纪 20 年代开始，20 世纪 50 年代至20 世纪 60 年代有很大发展；第三阶段为逆城市化阶段，20 世纪 70 年代开始；第四阶段为再城市化阶段，自 20 世纪 80 年代后开始。

从世界范围看，工业革命的浪潮从英国起源，继而席卷欧美以至全世界。从此，世界从农业社会开始迈向工业社会，从乡村时代开始进入城市时代。从这一角度来看，世界范围的城市化进程大致可以分为三个阶段：

（1）1760—1851 年：世界城市化的兴起、验证和示范阶段

在该阶段，世界上出现了第一个城市化水平达到 50％以上的国家，即英国。从1760 年的产业革命开始，到 1851 年，英国花了 90 年的时间成为世界上第一个城市人口超过总人口 50％的国家，基本上实现了现代化。

（2）1851—1950 年：城市化在欧洲和北美等发达国家推广、普及和基本实现的阶段

这个阶段内，欧美等发达国家所走的城市化道路基本与英国相似，即都是依靠产业革命推动，城市人口由农村移入城市。从经历的年限来看，发达国家的城市人口比重达到 50％以上花了大约 100 年的时间。

（3）1950 年至今：城市化在全世界范围内推广、普及和加快的阶段

这个阶段，世界城市人口的比重由 1950 年的 28.4％上升到 1997 年的 46％。这一阶段的突出特点是城市化速度加快。人类世界便开始进入基本实现城市化的阶段。表5-1 为世界一些发达国家城市化率的历史演进。

表 5-1　世界一些发达国家城市化率的历史演进（单位：％）

国家	1920 年	1950 年	1960 年	1970 年	1980 年	2000 年
英国	79.3	77.9	78.6	81.6	88.3	89.1
法国	46.7	55.4	62.3	70.4	78.3	82.5
美国	63.4	70.9	76.4	81.5	90.1	94.7
日本	28.0	45.8	53.9	64.5	74.3	77.9
德国	63.4	70.9	76.4	80.0	86.4	81.2

资料来源：国研网（2003-12-10）.

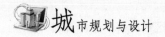

2. 中国的城市化进程

中国的城市化始于新中国建立之后，随着国家工业化进程的开启而起步，并随着不同历史时期国家宏观政策的起伏而变化，大致可以分为两个阶段：

（1）第一阶段：1949—1978 年

① 城市化水平

从 1949 年建国到 1978 年"三中全会"以前，中国大陆的城市化相当缓慢，在 1950 年至 1980 年的 30 年中，全世界城市人口的比重由 28.4% 上升到 41.3%，其中发展中国家由 16.2% 上升到 30.5%，但是中国大陆仅由 11.2% 上升到 19.4%。这种城市化的缓慢并不是建立在工业发展停滞或缓慢的基础上，正相反，改革开放前的 29 年，中国大陆的工业和国民经济增长速度并不算慢，1978 年的工业总产值比 1949 年增长了 38.18 倍，工业总产值在工农业总产值中的比重，由 1949 年的 30% 提高到 1978 年的 72.2%；社会总产值增长 12.44 倍，其中非农产业在全社会总产值中的比重，则由 1949 年的 41.4% 上升到 1978 年的 77.1%；国民收入总额则从 1949 年的 358 亿元增长到 1978 年的 3010 亿元（按当年价格计算），提高了 7.41 倍，其中非农产业在国民收入构成中的比重，也由 1949 年的 31.6% 上升到 1978 年的 64.6%。从 1950 年到 1973 年，世界 GDP 总量年均增长 4.9%，人均 GDP 增长 2.9%，其中中国大陆 GDP 年均增长 5.1%，人均增长 2.9%，高于和等于世界平均水平，高于同期发展中国家平均水平。但是中国走了一条重工业优先发展的道路，导致工业化与城市化发展不匹配，因此虽然工业化水平不低，但城市化水平却不高。

② 城市化特点

改革开放以前，中国的城市化呈现出以下几个特点：政府是城市化动力机制的主体；城市化对非农劳动力的吸纳能力很低；城市化的区域发展受高度集中的计划体制的制约；劳动力的职业转换优先于地域转换；城市运行机制具有非商品经济的特征。

这种城市化的结果形成了城乡之间相互隔离和相互封闭的"二元社会"。这里所说的二元社会结构，是指政府对城市和市民实行"统包"，而对农村和农民则实行"统制"，即由财产制度、户籍制度、住宅制度、粮食供给制度、教育制度、医疗制度、就业制度、养老制度、劳动保险制度、劳动保护制度等具体制度所造成的城乡之间的巨大差异，构成了城乡之间的壁垒，阻止了农村人口向城市的自由流动。

（2）第二阶段：1978 年以后

1978 年改革开放以后的城市化，是在国民经济高速增长条件下迅速推进的，城乡之间的壁垒逐渐松动并被打破，特别是乡镇企业的发展，使得中国的城市化呈现出以小城镇迅速扩张、人口就地城市化为主的特点。

① 城市化进程

改革开放以来，中国的城市化进程大致经历了以下三个阶段：

第一阶段是 1978—1984 年，以农村经济体制改革为主要动力推动城市化阶段。这个阶段的城市化带有恢复性性质，"先进城后建城"的特征比较明显。第一，表现在大约有 2000 万上山下乡的知识青年和下放干部返城并就业，高考的全面恢复和迅速发展也使得一批农村学生进入城市；第二，城乡集市贸易的开放和迅速发展，使得大量农民进入城市和小城镇，出现大量城镇暂住人口；第三，这个时期开始崛起的乡镇企业也促进了小城镇的发展；第四，国家为了还过去城市建设的欠账，提高了城市维护和建设费，结束了城市建设多年徘徊的局面。这个阶段，就人口来看，城市化率由 1978 年的 17.92％提高到 1984 年的 23.01％，年均提高 0.85 个百分点。

第二阶段是 1985—1991 年，乡镇企业和城市改革双重推动城市化阶段。这个阶段以发展新城镇为主，沿海地区出现了大量新兴的小城镇。

第三阶段是 1992—2000 年，城市化全面推进阶段，以城市建设、小城镇发展和普遍建立经济开发区为主要动力。1992 年到 1998 年，城市化率由 27.63％提高到 30.42％，年均提高 0.42 个百分点。进入 90 年代以后，中国城市化，已从沿海向内地全面展开。1995 年底与 1990 年相比，建制市已从 467 个增加到 640 个，建制镇则从 12000 个增加到 16000 个；从人口来看，城市化水平也从 1990 年的 26.41％提高到 28.62％。

② 城市化特点

改革开放以后，中国的城市化呈现出以下几个特点：城市化速度快、规模大；促进城市化发展的动力机制呈现多样化趋势；中国城市化区域差异化显著；沿海地区出现了多个城市密集区；形成了多种具有地方特色的城市化区域模式；中小城镇在城镇总人口构成中的比重上升，城市人口的增长与市镇升级密切相关。

5.1.3　城市化的动力机制

城市化的发生与发展遵循着共同的规律，即受农业发展、工业化和第三产业崛起等三大力量的推动与吸引。

1. 农业发展是城市化的初始动力

城市化进程本身就是变落后的乡村社会和自然经济为先进的城市社会和商品经济的历史过程，它总是在那些农业分工完善、农村经济发达的地区兴盛起来，并建立在农业生产力发展到一定程度的基础之上。农业发展是城市化的初始动力，主要表现在：

(1) 为城镇人口提供粮食。

(2) 为城市工业提供资金的原始积累。

(3) 为城市工业生产提供原料。

(4) 为城市工业提供市场。

(5) 为城市发展提供劳动力。

2. 工业化是城市化的根本动力

无论近代还是现代，工业化导致了人口向城市集聚。这已成为一个国家城市化进程中至关重要的激发因素，是城市化的根本动力。在工业化过程中，由于其自身规律所驱使，导致了不可逆转的人口与资本向城市集聚的倾向。

3. 第三产业是城市发展的后续动力

随着工业化国家产业结构的调整，第三产业开始崛起，并逐渐取代工业而成为城市产业的主角。第三产业是城市发展的后续动力，主要表现在两个方面：一是生产性服务的增加，高度发达的社会化大生产要求城市提供更多更好的服务性设施；二是消费性服务的增加，随着收入的提高和闲暇时间的增多，人们开始追求更为丰富多彩的物质消费与精神享受。这些都促进了城市第三产业的蓬勃发展，并带来就业机会和人口的增加。

5.1.4 城市化过程的典型规律

1. 城市化的阶段性规律

城市化作为一种发展模式在全球不同国家出现的时段不同，虽然开始的原因或时间不一致，但城市化进程都经历了起步、快速发展和趋于缓和三个发展阶段的规律。只是由于推动城市化发展的动力不同，最终各个国家的城市化水平会有所差异。

城市化全过程呈一条被拉平的倒 S 形曲线，这一理论的提出者首推美国地理学家诺瑟姆。他在 1975 年通过对各个国家城市人口占总人口比重的变化研究中发现，城市化进程具有阶段性规律，即全过程呈一条被拉平的倒 S 形曲线（图 5-1）。第一阶段为城市化的初级阶段，城市人口增长缓慢，当城市人口超过 10％以后，城市化进程逐渐加快，当城市化水平超过 30％时进入第二阶段，城市化进程出现加快趋势，这种趋势一直要持续到城市人口超过 70％以后才会趋缓，此后为城市化进程第三阶段，城市化进程停滞或略有下降趋势。当然，并不是任何国家的城市化水平在时间轴上都表现为一条光滑的倒 S 形曲线，但大部分国家的数据基本上支持了这一结论。

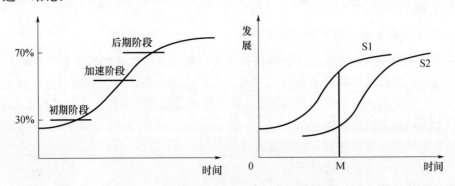

图 5-1　城市化发展阶段规律图和双 S 曲线图

2. 相关性规律

（1）城市化水平与工业化水平呈高度相关性

据钱纳里的世界发展模型，在工业化率、城市化率共同处于 13％左右的水平以后，城市化率开始加速，并明显超过工业化率（图 5-2）。同时，发展中的城市以其聚集效应为工业发展提供良好的条件，并且提供一个总量不断扩大、由较高收入的城市就业人口组成的市场，对工业持续增长起到拉动作用。对多数发展中国家来说，城市化还通过不断吸收农村人口而改造传统的农业生产方式，使经济走向现代化。发达工业国家的经验也表明，在工业化后期，制造业占 GDP 的比重开始下降，这时工业化对经济增长的贡献开始减弱，但第三产业比重持续上升，这使城市化仍然保持了上升态势。

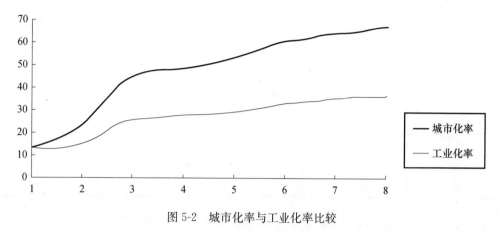

图 5-2　城市化率与工业化率比较

美国 1870—1970 年的发展史也证明了这一点，图 5-3 为美国城市化率与工业化率关系的变动。

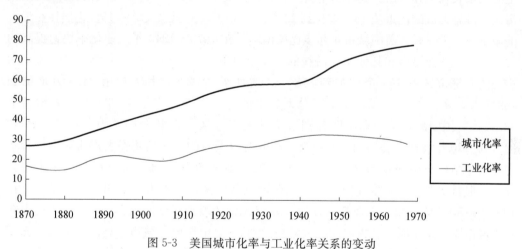

图 5-3　美国城市化率与工业化率关系的变动

（2）城市化水平与经济发展水平呈高度相关性

从城市的起源和英国早期的农村工业化以及乡村小城镇的崛起可以看出，城市化作为一种复杂的社会经济现象，与许多因素有关，但经济因素与城市化进程最为密切也最为关键。许多研究发现，城市化水平与经济发展水平呈高度相关性。如 H·钱纳里（1988）曾回归分析过 1950—1970 年 101 个国家的经济发展水平数据与城市化水平数据，证明在一定的人均 GNP 水平上，有一定的生产结构、劳动力配置结构和城市化水平相对应。当人均收入超过 500 美元（1964 年美元）时，作为一种典型情况，城市人口在总人口中占主导地位；超过 700 美元时，作为一种典型情况，工业中雇佣的劳动力超过初级生产部门；当收入水平超过 2000 美元时，这些过渡过程才告结束（表 5-2）。

表 5-2　城市化与工业化中产业结构的一般模式

次级	人均 GNP	GNP 结构（%）		就业结构（%）		城市化率（%）
	1964 年（美元）	工业	非农产业	工业	非农产业	
1	70	12.5	47.8	7.8	28.8	12.8
2	100	14.9	54.8	9.1	34.2	22.0
3	200	21.5	67.3	16.4	44.3	36.2
4	300	25.1	73.4	20.6	51.1	43.9
5	400	27.6	77.2	23.5	56.2	49.0
6	500	29.4	79.8	25.8	60.5	52.7
7	800	33.1	84.4	30.3	70.0	60.1
8	1000	34.7	86.2	32.5	74.8	63.4
9	1500	37.9	87.3	36.8	84.1	65.8

3. 大城市在城市化进程中优先发展的规律

有资料显示，在欧、美工业国家的工业化发展过程中，大城市作为城市化主导力量的现象表现十分突出。英国由于受工业化浪潮支配，1801—1851 年大伦敦等 10 大城市人口占总人口的比重从 16% 增长到 23%。1950 年，英国总人口的 15% 仍居住在最大的城市——大伦敦。美国城市化起步比英国晚。在 1870—1940 年工业化率快速提高的过程中，大西洋沿岸和其他交通沿线的大城市迅猛发展。1950—1980 年，以大城市为中心的大都市区由 169 个增加到 318 个，增加了 88.2%，其人口由 8485 万增加到 16943 万，增长了 97.3%，在全国总人口中的比重由 56.1% 上升到 74.8%，增长了 33.3%。其中 18 个巨大都市区分别占全部大都市区人口和全国总人口的 45.6% 和 34.7%。70 年代初，美国制造业和第三产业就业人数的 3/4 聚集在大都市区内。日本土地资源结构与中国相似，比较易于利用的土地面积只有国土面积的 20%，中国为 15%，但日本的人口密度超过中国。从明治维新以来，日本人口即向大城市集中。在 1950—1980 年间，由于工业高速发展，城市人口约增加了 3000 万，其中 70% 集中在三大城市圈（东京圈、名古屋圈、大阪圈），30% 集中在地方城市。只占全部国土面积 10.4% 的三大城市圈在 1970 年集中了占人口总数 43.5% 的人口。在这三个国家中，工业化均集中在城市地区进行，与工业化过程并行。而且大城市的发展在城市化进程中发挥了主导作用，并派生出以大城市为中心的大都市区、城市带或城市圈的构造体系。表 5-3 为 1920 年至 2000 年间美国大都市区情况比较，表 5-4 是美国不同规模的大都市区人口占全国大都市区总人口百分比的比较。

表 5-3　1920 年至 2000 年间美国大都市区情况比较

年份	所有大都市区			百万人口以上的大都市区		
	数量	人口数（万）	占美国总人口（%）	数量	人口数（万）	占美国总人口（%）
1920	58	3 593.6	33.9	6	1 763.9	16.6
1930	96	5 475.8	44.4	10	3 057.3	24.8

年份	所有大都市区			百万人口以上的大都市区		
	数量	人口数（万）	占美国总人口（%）	数量	人口数（万）	占美国总人口（%）
1940	140	6 296.6	47.6	11	3 369.1	25.5
1950	168	8 450.0	55.8	14	4 443.7	29.4
1960	212	11 959.5	66.7	24	6 262.7	34.9
1970	243	13 940.0	68.6	34	8 326.9	41.0
1980	318	16 940.0	74.8	38	9 268.6	41.1
1990	268	19 772.5	79.5	40	13 290.0	53.4
2000	317	22 598.1	80.3	47	16 151.5	57.5

表 5-4　美国不同规模的大都市区人口占全国大都市区总人口百分比的比较

大都市等级	1950 年	1960 年	1970 年	1980 年	1990 年	2000 年
100 万以上	52.6%	54.6%	57.8%	54.8%	60%	71.6%
25～100 万	31.9%	31.0%	29.9%	31.1%	29%	21.0%
25 万以下	15.5%	14.4%	12.3%	14.1%	11%	8.4%

　　尽管如此，在城市化进程的不同阶段，大城市的这种超前增长速度也还是有所不同。即在城市化的初期阶段，由于经济发展水平很低和整体城市化速度较慢，大城市的极化效应和扩散效应不易发挥；在城市化的加速阶段，大城市的超前增长体现得尤为明显；而到城市化进程趋缓阶段，已不存在大城市超前增长规律。此外，大城市只有在达到其城市边界前才遵循超前增长规律。

　　另外，国内还有研究发现，虽然城市经济具有规模经济递增的特点，但城市的规模不能也不可能无限扩大，随着城市的扩大，城市病会越来越严重，形成负的聚集效应，当负效应压倒正效应时即是城市的扩张边界。因此 200～300 万人口的大城市规模经济效应最佳——极化效应和扩散效应最强。

5.2　区域规划概论

5.2.1　区域规划的基本概念及分类

1. 区域规划的基本概念

　　区域规划是一项具有综合性、战略性和政策性的规划工作。它是指在一个特定的地区范围内，根据国土空间规划、国民经济和社会发展规划和区域的自然条件及社会经济条件，对区域的工业、农业、第三产业、城镇居民点以及其他各项建设事业和重要工程设施进行全面的发展规划，并做出合理的空间配置，使一定地区内社会经济各部门和各分区之间形成良好的协作配合，城镇居民点和区域性基础设施的网络更加合理，各项工程设施能够有序地进行，从战略意义上保证国民经济和社会的合理发展和协调布局，以及城市建设的顺利进行。简言之，区域规划是在一个地区内对整个国土空间规划、国民经济和社会发展规划进行总体的战略部署。

2. 区域规划的分类

根据区域空间范围、类型、要素的不同，可以将区域规划划分为三种类型。

（1）国土规划

国土规划由国家级、流域级和跨省级三级规划和若干重大专项规划构成国家基本的国土规划体系。它的目的是确立国土综合整治的基本目标；协调经济、社会、人口资源、环境诸方面的关系，促进区域经济发展和社会进步。

（2）都市圈规划

都市圈规划是以大城市为主，以发展城市战略性问题为中心，以城市或城市群体发展为主体，以城市的影响区域为范围，所进行的区域全面协调发展和区域空间合理配置的区域规划。

（3）县（市、区）域规划

它是以城乡一体化为导向，在规划目标和策略上以促进区域城乡统筹发展和区域空间整体利用为重点，统筹安排城乡空间功能和空间利用的规划。

5.2.2 区域规划的发展及新趋势

1. 区域规划的由来与发展

区域规划是 20 世纪 20—30 年代在城市规划与工矿区规划的基础上发展起来的。苏联是世界上最早进行具有地区经济发展规划性质的广义区域规划的国家。资本主义国家在 1929—1932 年出现世界性的经济危机以后，才开始对某些经济严重衰退的地区进行区域经济发展规划。世界各国区域规划的发展与各国区域经济发展的进程是密切相关的，早期的区域规划始于对经济发展迅猛超常地区基础设施的统一协调性规划，如美国的纽约城市区域规划（1929 年）、苏联的顿巴斯矿区规划（1934—1936 年）等。20 世纪 30 年代开始，尤其是第二次世界大战以后，经济工业化和社会城市化的急剧发展，以及生产力的巨大进步，迅速改变了原有的区域经济结构、社会结构和生活环境。工业和交通设施高度集中，大城市人口持续增长，土地供应越来越紧张，空气、水体等环境卫生状况严重恶化等，导致社会经济区域空间组织矛盾日益复杂化、尖锐化。为了建立和保持区域生产、生活的适宜条件和状况，各国的区域发展纷纷提出了要对经济社会的地域结构进行重整，将工业生产适当分散布局，规划开发新区，控制疏散大城市人口，加强土地利用的管理，改善原有的区域交通运输网，进行环境保护与整治等。由此，区域规划被认为是解决这些问题的重要前提与手段，成为区域立法和行政部门制订有关法令和区域政策的基础。

中国区域规划工作始于 20 世纪 50 年代，结合新工业基地和新工业城市的规划建设，是伴随着解放后大规模基本建设而开展的。1956 年国家建委设立了区域规划与城市规划管理局，拟订了《区域规划编制与审批暂行办法》。1980 年中共中央 13 号文作出了开展区域规划工作的决定："（区域规划是）为了搞好工业的合理布局，落实国民经济的长远计划，使城市规划有充分的依据"。1985 年国务院再次发文，要求编制全国和各省、市、区的国土总体规划。在国土规划的推动下，以综合开发整治为特征的不同层次的区域规划在全国范围内全面展开。1990 年，在总结全国各地经验及借鉴国外经验的基础上，组织编制了全国国土总体规划纲要（草案），内容包括国土资源的基本状况、国土开发整治的目标、国土开发的地域总体布局、综合开发的重点地区、基础产业布局、国土整治与保护、国土开发中的几个问题的对策（耕地问题、水资源供需平衡问题、人口的地域分布和劳动就业问题、城市化问题等）、有待进一步研究的若干问题和规划纲要的实施。在 1990 年开始实施的《城市规划法》中，以城镇体系规划为标志的区域规划被作为法定的内容。近年来，为适应社会经济形势的变化，我国的区域规划得到了新的发展。

2. 区域规划的新趋势

新的国家经济和社会发展计划编制体系中，区域规划成为国民经济计划的新的编制形式。区域规划是实现"五个统筹"、实现城乡一体化和促进区域经济社会可持续发展的重要手段。因此，目前城乡一体化规划、区域空间总体规划、村庄布局规划等方兴未艾。以区域规划为龙头，加强对区域城乡发展与建设的调控，是解决我国区域发展面临的困境、促进区域可持续发展的重要途径。重视区域规划也是我国目前现行城市规划体系发展和完善的需要，以及新的城乡规划法的重点所在。

5.2.3　区域规划的类型

依据不同的分类方法，可以把区域规划划分为各种不同的类型。

1. 按规划区域属性分类，通常把区域分成如下几类：

（1）自然区

自然区是指自然特征基本相似或内部有紧密联系、能作为一个独立系统的地域单元。它一般是通过自然区划，按照地表自然特征区内的相似性与区际差异性而划分出来的。每个自然区内部，自然特征较为相似，而不同的自然区之间，则差异性比较显著。如流域规划、沿海地带规划、山区规划、草原规划等。

（2）经济区

经济区是指经济活动的地域单元。它可以是经过经济区划划分出来的地域单元，也可以是根据社会经济发展和管理的需要而划分出来的连片地区。如珠三角经济区规划、长三角经济区规划、经济技术开发区规划等。

（3）行政区

行政区是为了对国家政权职能实行分级管理而划分出来的地域单元。如市域规划、县域规划、镇域规划等。

（4）社会区

社会区是以民族、风俗、文化、习惯等社会因素的差别，按人文指标划分的地域单元。如革命老区发展规划等。

2. 按照区域规划内容不同，可以分为发展规划和空间规划。

（1）发展规划

以区域国民经济和社会发展为核心，重点考虑发展的框架、方向、速度和途径，不关心空间定位，对发展目标和措施的空间落实只作粗浅的考虑。

（2）空间规划

强调地域空间的发展和人口的城市化、空间布局问题，以城镇体系规划为代表，市县域的城镇体系规划更多地与城市规划相衔接，属于典型的区域空间规划。

5.2.4　区域规划内容

区域规划是描绘区域发展的远景蓝图，是经济建设的总体部署，涉及面十分广，内容庞杂，但规划工作不可能将有关区域发展和经济建设的问题全部包揽起来。区域规划的内容归纳起来，可概括为如下几个主要方面：

1. 发展战略

区域经济发展战略包括战略依据、战略目标、战略方针、战略重点、战略措施等内容。区域发展战略既有经济发展战略，也有空间开发战略。

制订区域经济总体发展战略通常把区域发展的指导思想、远景目标和分阶段目标、产业结构、主导产业、人口控制指标、三大产业大体的就业结构、实施战略的措施或对策作为研究的重点。

规划工作中有三个重点：

（1）确定区域开发方式。如采用核心开发方式、梯度开发方式、点—轴开发模式、圈层开发方式等。开发方式要符合各区的地理特点，从实际出发。

（2）确定重点开发区。重点开发区有多种类型，有的呈点状（如一个小工业区），有的呈轴状（如沿交通干线两侧狭长形开发区）或带状（如沿河岸分布或山谷地带中的开发区），有的呈片状（如几个城镇连成一块的开发区）等。有的开发区以行政区域为单位，有的开发区则跨行政区分布。重点开发区的选择与开发方式密切相关，互相衔接。

（3）制订区域开发政策和措施。着重研究实现战略目标的途径、步骤、对策、措施。

2. 布局规划

区域产业发展是区域经济发展的主要内容，区域产业布局规划的重点往往放在工农业产业布局规划上。

合理配置资源，优化地域经济空间结构，科学布局生产力，是区域规划的核心内容。区域规划要对规划区域的产业结构、工农业生产的特点、地区分布状况进行系统地调查研究。要根据市场的需求，对照当地生产发展的条件，揭示产业发展的矛盾和问题，确定重点发展的产业部门和行业，以及重点发展区域。规划中要大体确定主导产业部门的远景发展目标，根据产业链的关系和地域分工状况，明确与主导产业直接相关部门发展的可能性。与工农业生产发展紧密相关的土地利用、交通运输和大型水利设施建设项目，也常常在工农业生产布局规划中一并研究，统筹安排。

3．体系规划

城镇体系和乡村居民点体系是社会生产力和人口在地域空间组合的具体反映。城镇体系规划是区域生产力综合布局的进一步深化和协调各项专业规划的重要环节。由于农村居民点比较分散，点多面广，因此区域规划多数只编制城镇体系规划。

研究城镇体系演变过程、现状特征，预测城镇化发展水平。城镇体系规划的基本内容包括：

（1）拟定区域城镇化目标和政策。

（2）确定规划区的城镇发展战略和总体布局。

（3）确定各主要城镇的性质和方向，明确城镇之间的合理分工与经济联系。

（4）确定城镇体系规模结构，各阶段主要城镇的人口发展规模、用地规模。

（5）确定城镇体系的空间结构，各级中心城镇的分布，新城镇出现的可能性及其分布。

（6）提出重点发展的城镇地区或重点发展的城镇，以及重点城镇近期建设规划建议。

（7）必要的基础设施和生活服务设施建设规划建议。

4．基础设施

基础设施是社会经济发展现代化水平的重要标志，具有先导性、基础性、公用性等特点。基础设施对生产力和城镇的发展与空间布局有重要影响，应与社会经济发展同步或者超前发展。

基础设施大体上可以分为生产性基础设施和社会性基础设施两大类。生产性基础设施是为生产力系统的运行直接提供条件的设施，包括交通运输、邮电通讯、供水、排水、供电、供热、供气、仓储设施等。社会性基础设施是为生产力系统运行间接提供条件的设施，又称为社会服务事业或福利事业设施，包括教育、文化、体育、医疗、商业、金融、贸易、旅游、园林、绿化等设施。

区域规划要在对各种基础设施发展过程及现状分析的基础上，根据人口和社会经济发展的要求，预测未来对各种基础设施的需求量，确定各种设施的数量、等级、规模、建设工程项目及空间分布。

5．土地利用

准确地确定土地利用方向，组织合理的土地利用结构，对各类用地在空间上实行优化组合并在时间上实行优化组合的科学安排，是实现区域战略目标，提高土地生产力的重要保证。

土地利用规划应在土地资源调查、土地质量评价基础上，以达到区域最佳预期目标的目的，对土地利用现状加以评价，并确定土地利用结构及其空间布局。

土地利用规划可突出三种要素：枢纽、联线和片区。枢纽起定位作用；联线既是联结（如枢纽之点的联结），又是地域划分（如片区的划分）的构成要素；片区则是各类型功能区的用地区划（如经济开发区、城镇密集区、生态敏感区、开敞区、环境保护区等)。

区域规划中土地利用规划的内容,主要是:

(1) 土地资源调查和土地利用现状分析。

(2) 土地质量评价。

(3) 土地利用需求量预测。

(4) 未来各类用地布局和农业用地、园林用地、林业用地、牧业用地、城乡建设用地、特殊用地等各类型用地分区规划。

(5) 土地资源整治、保护规划。

6. 发展政策

区域政策可以看作是为实现区域战略目标而设计的一系列政策手段的总和。政策手段大致可以分为两类:一类是影响企业布局区位的政策,属于微观政策范畴,如补贴政策、区位控制和产业支持政策等;另一类是影响区域人民收入与地区投资的政策,属于宏观政策范畴,可用以调整区域问题。

区域规划的区域发展政策研究,侧重于微观政策研究,并且要注意区域政策与国家其他政策相互协调一致,避免彼此间的矛盾。

5.3 城镇体系规划

5.3.1 城镇体系的概念和城镇体系规划的类型

1. 城镇体系的概念

任何城市都不是孤立存在的。为了维持城市的正常活动,城市与城市之间、城市与外部区域之间总是在不断地进行着物质、能量、人员、信息的交换与相互作用。正是这种相互作用,才能把彼此分离的城市结合为具有结构和功能的有机整体,即城镇体系。城镇体系是指在一个相对完整的区域或国家中,有不同职能分工、不同等级规模、空间分布有序的联系密切、相互依存的城镇群体,简言之,是一定空间区域内具有内在联系的城镇聚合。

城镇体系是区域内的城市发展到一定阶段的产物。一般需要具备以下条件:

(1) 城镇群内部各城镇在地域上是邻近的,具有便捷的空间联系。

(2) 城镇群内部各城镇均具有自己的功能和形态特征。

(3) 城镇群内部各城镇从大到小、从主到次、从中心城市到一般集镇,共同构成整个系统内的等级序列,而系统本身又是属于一个更大系统的组成部分。

2. 城镇体系规划的类型

城镇体系规划是指一定地域范围内,以区域生产力合理布局和城镇职能分工为依据,确定不同人口规模等级和职能分工的城镇分布和发展规划。其规划的主要目标是解决体系内各要素之间的相互关系。

按照行政等级和管辖范围分类，可以分为全国城镇体系规划、省域城镇体系规划、市域城镇体系规划等。其中全国城镇体系规划和省域城镇体系规划是独立的规划，市域、县域城镇体系规划可以与相应的地域中心城市的总体规划一并编制，也可以独立编制。随着城镇体系规划实践的发展，在一些地区出现了衍生型的城镇体系规划类型，如都市圈规划、城镇群规划等。

5.3.2　城镇体系规划的理论与方法

1. 城镇体系规划的基本观

城镇体系位于特定的地域环境中，其规划布局应具有明确的时间和体系发展的阶段性，规划处于不同发展阶段的城镇体系，其指导思想也有不同。目前，主要包括以下几种观点：地理观——中心地理论；经济观——增长极理论；空间观——核心边缘理论；区域观——生产综合体；环境观——可持续理论；生态观——生态城市理论；几何观——对称分布理论；发展观——协调发展理论。

2. 全球化背景下的城镇体系规划理论和方法

在当代经济条件下，信息技术和跨国公司的发展促进了经济活动的全球扩散和全球一体化，一方面使主要城市的功能进一步加强，形成一种新的城市类型——全球城市（global city）；另一方面，促进网络城市（network city）和边境城市体系（frontier urban system）的发育。这使得城市发展可以不再局限于某一区域内，而是直接融入全球经济体系中。这就需要用全球视野认识城市化过程和城市体系结构。有关全球视野研究城市体系的理论有：沃勒斯汀（I. Wallerstein）的世界体系理论；新城市等级体系法则；新相互作用理论；创新与孵化器理论；高技术产业和高技术区理论。

全球化背景下的城镇体系规划方法有：城镇等级体系划分方法，即依据城市特性的特性方法和直接将城市与世界体系连接在一起的联系方法；网络分析法，通过分析多种城市之间的交换和联系，揭示城市间乃至整个网络结构的复杂形式；结构测度法，利用网络分析进行城市体系的结构测度。

5.3.3　城镇体系规划的主要内容

1. 全国城镇体系规划编制的内容

全国城镇体系规划是统筹安排全国城镇发展和城镇空间布局的宏观性、战略性的法定规划，是国家制订城镇化政策、引导城镇化健康发展的重要依据，也是编制、审批省域城镇体系规划和城市总体规划的依据。其主要内容包括：

（1）明确国家城镇化的总体战略与分期目标

按照循序渐进、节约土地、集约发展、合理布局的原则，积极稳妥地推进城镇化。根据不同的发展时期，制订相应的城镇化发展目标和空间发展重点。

（2）确定国家城镇化道路与差别化战略

从提高国家竞争力的角度分析城镇发展需要，从多种资源环境要素的适宜承载程度分析城镇发展的可能，提出不同区域差异化的城镇化战略。

（3）规划全国城镇体系总体空间布局

构筑全国城镇空间发展的总体格局，考虑资源环境条件、产业发展、人口迁移等因素，分省或大区域提出差异化的空间发展指引和控制要求，对全国不同等级的城镇与乡村空间提出导引。

（4）构筑全国重大基础设施支撑系统

根据城镇化的总目标，对交通、能源、环境等支撑城镇发展的基础条件进行规划，尤其要关注对生态系统的保护方面的问题。

（5）特定与重点地区的发展指引

对全国确定的重点城镇群、跨省界城镇发展协调区、重要流域、湖泊和海岸带等，根据需要可以组织上述区域的城镇协调发展规划，发挥全国城镇体系规划指导省域城镇体系规划、城市总体规划的法定作用。

2. 省域城镇体系规划编制的主要内容

省域城镇体系规划是各省、自治区经济发展目标和发展战略的重要组成部分，也是省、自治区人民政府实现经济社会发展目标，引导区域城镇化与城市合理发展、协调区域各城市间的发展矛盾、合理配置区域空间资源、防止重复建设的手段和行动依据，对省域内各城市总体规划的编制具有重要的指导作用。同时也是落实国家发展战略，中央政府用以调控各省区城镇化、合理配置空间资源的重要手段和依据。其主要编制内容有：

（1）制定全省（自治区）城镇化和城镇发展战略

包括确定城镇化方针和目标，确定城市发展与布局战略。

（2）确定区域城镇发展用地规模的控制目标

结合区域开发管制区划，确定不同地区、不同类型城镇用地控制的指标和相应的引导措施。

（3）协调和部署影响省域城镇化与城市发展的全局性和整体性事项

包括确定不同地区、不同类型城市发展的原则性要求，统筹区域性基础设施和社会设施的空间布局和开发时序；确定需要重点调控的地区。

（4）确定乡村地区非农产业布局和居民点建设的原则

包括确定农村剩余劳动力转化的途径和引导措施，提出农村居民点和乡镇企业建设与发展的空间布局原则，明确各级、各类城镇与周围乡村地区基础设施统筹规划和协调建设的基本要求。

（5）确定区域开发管制区划

从引导和控制区域开发建设活动的目的出发，依据城镇发展战略，综合考虑空间资源保护、生态环境保护和可持续发展的要求，确定规划中应优先发展和鼓励发展的地区、需要严格保护和控制开发的地区以及有条件许可开发的地区，分别提出开发的标准和控制措施，作为政府开发管理的依据。

（6）按照规划提出城镇化与城镇发展战略和整体部署

充分利用产业政策、税收和金融政策、土地开发政策等政策手段，制定相应的调控政策和措施，引导人口有序流动，促进经济活动和建设活动健康、合理、有序地发展。

3. 市域城镇体系规划的主要内容

为了贯彻城乡统筹的规划要求，协调市域范围内的城镇布局和发展，在制订城市总体规划时，应制订市域城镇体系规划。其主要规划内容有：

（1）提出市域城乡统筹的发展战略

其中对于人口、经济、建设高度聚集的城镇密集地区的中心城市，应当根据需要，提出与相邻行政区域在空间发展布局、重大基础设施和公共服务设施建设、生态环境保护、城乡统筹发展等方面进行协调的建议。

（2）确定生态环境、土地和水资源、能源、自然和历史文化遗产等方面的保护与利用的综合目标和要求，提出空间管制原则和措施。

（3）预测市域总人口及城镇化水平，确定各城镇人口规模、职能分工、空间布局和建设标准。

（4）提出重点城镇的发展定位、用地规模和建设用地控制范围。

（5）确定市域交通发展策略，原则确定市域交通、通讯、能源、供水、排水、防洪、垃圾处理等重大基础设施、重要社会服务设施、危险品生产储存设施的布局。

（6）根据城市建设、发展和资源管理的需要划定城市规划区。城市规划区的范围应当位于城市的行政管辖范围内。

（7）提出实施规划的措施和有关建议。

5.4　城镇总体规划

5.4.1　城镇总体规划概论

城镇总体规划在城镇化发展战略中具有重要作用，是建设和谐社会、城乡统筹的重要环节，是一定期限内依据国民经济和社会发展规划以及当地的自然环境、资源条件、历史情况、现状特点，统筹兼顾、综合部署，为确定城市的规模和发展方向，实现城市的经济和社会发展目标，合理利用城市土地，协调城市空间布局等所作的综合部署和具体安排。城市总体规划是城市规划编制工作的第一阶段，也是城市建设和管理的依据。

根据国家对城市发展和建设方针、经济技术政策、国民经济和社会发展的长远规划，在区域规划和合理组织区域城镇体系的基础上，按城市自身建设条件和现状特点，合理制订城市经济和社会发展目标，确定城市的发展性质、规模和建设标准，安排城市用地的功能分区和各项建设的总体布局，布置城市道路和交通运输系统，选定规划定额指标，制订规划实施步骤和措施。总体规划期限一般为20年。近期建设规划一般为5年。建设规划是总体规划的组成部分，是实施总体规划的阶段性规划。

近些年来，随着全球化经济发展和城乡统筹发展的需求，城镇总体规划呈现出一些新趋势：区域协同和城乡统筹规划强化，重视区域城乡协同的发展；重视可持续发展理念的贯彻实施，以及非建设用地保护的强化；重视水设施的多元化与人性化建设并存；重视防灾与安全保障的强化、区域防灾应急体系的完善；法律法规和技术性标准的完善。新的总体规划编制内容增强了规划的严谨性；在规划技术层面上，大数据、地理信息系统等分析技术的运用，增强了规划的科学性。

5.4.2　城镇总体规划编制程序和内容

目前我国的城镇总体规划主要以中心城区的规划为重点，在内容上侧重于城市性质和规模的确定、用地功能的组织、总体结构布局、公共基础设施安排和道路交通的组织等方面，完成对国民经济和社会发展规划在空间上的落实。

城镇总体规划可分为市、县政府所在地，以及一般镇两个层面。

1. 设市、县政府所在地城市总体规划的主要内容

城市总体规划包括市域城镇体系规划和中心城区规划。编制城市总体规划时，首先要总结上一轮总体规划的实施情况和存在问题，并系统地收集区域和城市自然、经济、社会及空间利用等各方面的历史和现状资料；其次组织编制总体规划纲要，研究确定总体规划中的重大问题，作为编制规划成果的依据；再次根据纲要的成果，编制市域城镇体系规划、城市总体规划或城市分期规划。

（1）编制总体规划纲要的内容

① 市域城镇体系规划纲要，内容包括：提出市域城乡统筹发展战略；确定生态环境、土地和水资源、能源、自然和历史文化遗产保护等方面的综合目标和保护要求，提出空间管制原则；预测市域总人口及城镇化水平，确定各城镇人口规模、职能分工、空间布局方案和建设标准；原则确定市域交通发展策略。

② 提出城市规划区的范围；分析城市职能，提出城市性质和发展目标；提出禁建区、限建区、适建区的范围。

③ 预测城市人口规模；研究中心城区空间增长边界，提出建设用地规模和建设用地范围。

④ 提出交通发展战略及主要对外交通设施布局原则；提出重大基础设施和公共服务设施的发展目标；提出建立综合防灾体系的原则和建设方针。

（2）市域城镇体系规划的内容

此部分内容在 5.3.3 节中有详细论述，此处省略。

（3）中心城区总体规划的内容

① 分析确定城市性质、职能和发展目标；预测城市人口规模。

② 划定禁建区、限建区、适建区和已建区，并制订空间管制措施；确定村镇发展与控制的原则和措施；确定需要发展、限制发展和不再保留的村庄，提出村镇建设控制标准；安排建设用地、农业用地、生态用地和其他用地；研究中心城区空间增长边界，确定建设用地规模，划定建设用地范围。

③ 确定建设用地的空间布局，提出土地使用强度管制区划和相应的控制指标（建筑密度、建筑高度、容积率、人口容量等）。

④ 确定市级和区级中心的位置和规模，提出主要的公共服务设施的布局。

⑤ 确定交通发展战略和城市公共交通的总体布局，落实公交优先政策，确定主要对外交通设施和主要道路交通设施布局。

⑥ 确定绿地系统的发展目标及总体布局，划定各种功能绿地的保护范围（绿线），划定河湖水面的保护范围（蓝线），确定岸线使用原则。

⑦ 确定历史文化保护及地方传统特色保护的内容和要求，划定历史文化街区、历史建筑保护范围（紫线），确定各级文物保护单位的范围；研究确定特色风貌保护重点区域及保护措施。

⑧ 研究住房需求，确定住房政策、建设标准和居住用地布局；重点确定经济适用房、普通商品住房等满足中低收入人群住房需求的居住用地布局及标准。

⑨ 确定电信、供水、排水、供电、燃气、供热、环卫发展目标及重大设施总体布局；确定生态环境保护与建设目标，提出污染控制与治理措施；确定综合防灾与公共安全保障体系，提出防洪、消防、人防、抗震、地质灾害防护等规划原则和建设方针。

⑩ 划定旧区范围，确定旧区有机更新的原则和方法，提出改善旧区生产、生活环境的标准和要求。

⑪ 提出地下空间开发利用的原则和建设方针。

⑫ 确定空间发展时序，提出规划实施步骤、措施和政策建议。

以上内容中，强制性内容包括：城市规划区范围；市域内应当控制开发的地域，包括基本农田保护区，风景名胜区，湿地、水源保护区等生态敏感区，地下矿产资源分布地区；城市建设用地，包括规划期限内城市建设用地的发展规模，土地使用强度管制区划和相应的控制指标（建设用地面积、容积率、人口容量等），城市各类绿地的具体布局，城市地下空间开发布局；城市基础设施和公共服务设施，包括城市干道系统网络、城市轨道交通网络、交通枢纽布局，城市水源地及其保护区范围和其他重大市政基础设施，文化、教育、卫生、体育等方面主要公共服务设施的布局；城市历史文化遗产保护，包括历史文化保护的具体控制指标和规定，历史文化街区、历史建筑、重要地下文物埋藏区的具体位置和界线；生态环境保护与建设目标，污染控制与治理措施；城市防灾工程，包括城市防洪标准、防洪堤走向、城市抗震与消防疏散通道、城市人防设施布局和地质灾害防护规定。

城市总体规划是一项综合性很强的科学工作。既要立足于现实，又要有预见性。随社会经济和科学技术的发展，城市总体规划也须进行不断修改和补充，因此也是一项长期性和经常性的工作。

2. 一般镇总体规划

一般镇总体规划主要内容有：

① 确定镇域范围内的村镇体系、交通系统、基础设施、生态环境、风景旅游资源开发等的合理布置和安排。

② 确定城镇性质、发展目标和远景设想。

③ 确定规划期内城镇人口及用地规模，选择用地发展方向，划定用地规划范围。

④ 确定小城镇各项建设用地的功能布局和结构。

⑤ 确定小城镇对外交通系统的结构和主要设施布局；布置安排小城镇的道路交通系统，确定道路等级、广场、停车场和主要道路交叉口形式、控制坐标和标高。

⑥ 综合协调各项基础设施的发展目标和总体布局，包括供水、排水、电力、电讯、燃气、供热、防灾、环卫等。

⑦ 确定协调各专项规划，如水系、绿化、环境保护、旧城改造、历史文化和自然风景保护等。

⑧ 进行综合技术论证，提出规划实施步骤、措施和政策建议。

⑨ 编制近期建设规划，确定近期建设目标、内容和实施部署。

5.4.3 城镇空间形态的一般类型

城市形态是城市空间结构的整体形式，是在城乡总体规划阶段需要着重分析和研究的，是城市空间布局的重要载体。一个城市所具有的某种特定形态与城市性质、规模、历史基础、产业特点及自然地理环境相关联。不同的空间形态有不同特点，一个城市未来可以形成怎样的空间形态需要根据目前城市现状必须解决的矛盾、未来发展定位和发展方向以及自然地理环境等方面进行综合考虑确定。从城市空间形态发展的历程来看，大体上可以归纳为集中和分散两大类。

1. 集中式城市形态

集中式的城市形态是指城市各项用地集中连片发展。这种模式的主要优点是便于集中设置较为完善的生活服务设施，城市各项用地紧凑，有利于社会经济活动联系的效率和方便居民生活，较适合中小城市，但规划时需注意近期和远期的关系，避免城市在发展过程中发生用地混杂和干扰的现象。

集中式的城市空间还可以进一步划分为网格状、环形放射状、星状、带状和环状等。各种空间形态有各自的优缺点，具体见表5-5。

表 5-5 各类集中式空间形态优劣比较一览表

名称	优点	缺点
网格状城市	城市整体形态完整，易于各类建筑的布置	容易使城市空间单调
环形放射状城市	由环形和放射形道路组成，交通的可达性好，有很强的向心紧凑发展的趋势	易造成中心区的过度集聚和拥挤
带形城市	大多受地形影响，沿交通轴向两侧发展，城市组织有交通便捷的优势	过长会导致交通物耗过大

注：星状是环形放射式城市沿交通走廊发展的结果，环形是带形城市的特定情况，不作单独分析。

2. 分散式城市形态

分散式城市形态主要是组团状城市，即一个城市分为若干个不连续的用地，每一块之间被农田、山地、河流、绿化带等隔离。这种发展形态根据城市用地条件灵活布置，容易接近自然，比较好地处理城市近期和远期的关系，并能使各项用地布局各得其所。不足之处在于城市道路和各项工程管线的投资管理费用较大。此类布局的重点在于处理好集中与分散的度，既要有合理的分工，又要各个组团形成一定规模。对于一些大城市、特大城市，发展在大城市及其周围卫星城镇组成的布局方式，外围小城镇具有相对的独立性，但与中心城市有密切的关系。实践证明，为控制大城市的规模、疏散中心城市的部分人口和产业，培育远郊区的卫星城具有一定的效果，但仍要处理好发展规模、配套设施等问题。

一个城市在不同的发展阶段其用地的扩展和空间结构是发展变化的。一般规律是，早期集中连片发展，当遇到扩张障碍时，往往分散成组团式发展。当各个组团彼此吸引力加强，又区域集中发展。而当规模过大需要控制时，不得不发展远郊新城，如北京城市发展过程即是如此。同时也存在不同城镇之间联系增强，形成城市群的情况，如长江三角洲城市群的发展。

第6章　城市详细规划设计

6.1　控制性详细规划概述

6.1.1　控制性详细规划的含义与作用

1. 控制性详细规划的含义

控制性详细规划（regulatory plan）是城市、乡镇人民政府城乡规划主管部门根据城市、镇总体规划的要求，用以控制建设用地性质、使用强度和空间环境的规划。

根据《城市规划编制办法》第22条至第24条的规定，根据城市规划的深化和管理的需要，一般应当编制控制性详细规划，以控制建设用地性质、使用强度和空间环境作为城市规划管理的依据，并指导修建性详细规划的编制。控制性详细规划是城乡规划主管部门作出规划行政许可、实施规划管理的依据。

2. 控制性详细规划的作用

控制性详细规划代表了一种新的规划理念，表明中国城市规划管理从终极形态走向过程控制，表明城市规划是立足城市发展的客观过程，是向着预定的规划目标不断渐进的决策过程。其次，与以形体设计为特征的修建性详细规划相比，它还代表了一种新的技术手段，也是规划管理上的进步。具体说，它在规划过程中起到如下作用：

（1）承上启下的作用

在整个规划过程中，控制性详细规划占有很重要的地位。它是连接总体规划与修建性详细规划的关键性编制层次。总体规划是一定时期内城市发展的整体战略框架，具有很大程度上的原则性与灵活性，是一种组线条的框架规划，需要下一层次的规划将其深化，才能真正发挥作用；修建性详细规划是对小范围内城市开发建设活动进行总平面布局和空间形体组织，需要上一层次的规划对用地性质和开发强度进行控制，对开发模式和城市景观进行引导。因此，控制性详细规划是两者之间有效的过渡和衔接，起到深化前者和控制后者的作用，以确保规划体系的完善和连续。

（2）规划管理的依据，开发建设的引导

城市规划的编制与规划实施是城市建设中的两个环节，其中规划实施是城市建设成功的关键。加强规划实施一方面需要健全规划管理制度，提高规划管理人员的专业素养和职业道德；另一方面提供事先确定的、公开的、适当的城市规划作为管理的依据和建设的指导。由于控制性详细规划的层次、深度适宜，同时又采用规划管理语言表述规划的原则和目标，避免了主观性和盲目性，因此它是规划管理的科学依据和城市建设的有效指导。同时，控制性详细规划自身的法律效力及其相应的规划法规，也使规划管理的权威性得到了充分保证。

（3）体现城市设计的构想

控制性详细规划可以将总体规划、分区规划中宏观的城市设计构想，以微观、具体的控制要求加以体现，从建筑单体环境和建筑群体环境两个方面对建筑设计提出指导性的综合设计要求和建议，并直接指导修建性详细规划及环境景观设计等的设计编制，为开发控制提供管理准则和设计框架。

（4）城市政策的载体

城市政策是一定时期内实现城市发展的某种目标而采取的特别措施，相对于城市规划原则来说，城市政策的针对性更强。控制性详细规划的编制与实施过程中都包含诸如城市产业结构、城市用地结构、城市人口分布、城市环境保护、鼓励开发建设等各方面广泛的城市政策内容。同时，作为城市政策的载体，控制性详细规划通过传达城市政策方面的信息，在引导城市社会、经济、环境协调发展方面具有综合能力。市场运作过程中各类经济组织和个人可以通过规划所提供的政策来消除在决策时所面对的未来不确定性，从而促进资源的有效配置和合理利用。

6.1.2　控制性详细规划的编制内容与方法

1. 控制性详细规划的编制内容

控制性详细规划以总体规划或分区规划为依据，主要以对地块的用地使用控制和环境容量控制、建筑建造控制和城市设计引导、市政工程设施和公共服务设施的配套，以及交通活动控制和环境保护规定为主要内容，并针对不同地块、不同建设项目和不同开发过程，应用指标量化、条文规定、图则标定等方式对各控制要素进行定性、定量、定位和定界的控制和引导。具体应当包括下列基本内容：

（1）确定规划范围内各类不同使用性质的用地面积与用地界线，及其兼容性等用地功能控制要求。

（2）确定各地块土地使用的容积率、建筑高度、建筑密度、绿地率等用地控制要求；确定公共服务设施配套要求、交通出入口方位、停车、建筑后退红线距离等要求。

（3）确定各级支路的红线位置、道路断面、交叉口形式及渠化措施、控制点坐标和标高；根据交通需求分析，确定地块出入口位置、停车泊位、公共交通场站的站点位置和用地范围、步行交通以及其他交通设施。

（4）根据规划建设容量，确定市政工程管线的位置、管径和工程设施的用地界线，进行管线综合；确定地下空间开发利用的具体要求。

（5）确定相应的土地使用及建筑管理规定。

编制大城市和特大城市的控制性详细规划，可以根据本地实际情况，结合城市空间布局、规划管理要求，以及社区边界、城乡建设要求等，将建设地区划分为若干规划控制单元，组织编制单元规划。镇控制性详细规划可以根据实际情况，适当调整或者减少控制要求和指标。规模较小的建制镇的控制性详细规划，可以与镇总体规划编制相结合，提出规划控制要求和指标。

2. 控制性详细规划的编制过程

（1）准备阶段

需要了解项目所具备的条件；了解项目所具备的基础资料情况；根据项目规模、难易程度编制项目工作计划和技术工作方案，安排项目需要的专业技术人员，如建筑、道路交通、给排水、电力、通讯、燃气、环卫等。

（2）现场调研与资料收集

现场调研应实地考察规划地区的自然条件、现状土地使用情况、土地权属占有情况、基础设施状况、建筑状况、规划区内文物保护单位和拟保留的重点地段的现状及周围情况，绘制各部分内容的现状图，全面了解规划地区的发展现状。

规划地区基础资料的收集主要包括以下内容：已依法批准的城市总体规划或分区规划对本规划地区的发展目标定位，相关专项规划对本规划地段的控制要求，相邻地段已批准的规划资料；土地利用现状，用地分类到小类；人口分布现状的规模、分布、年龄、职业构成等；建筑物现状，包括房屋用途、产权、建筑面积、层数、建筑质量、保留建筑等；公共设施种类、规模、分布状态、类型；工程设施及管网现状，包括走向、规格、使用情况及旧损程度等情况；土地经济分析资料，包括地价等级类型、土地级差效益、有偿使用状况、地价变化、开发方式等；所在城市及地区的历史文化传统、建筑特色、环境风貌特征等资料。

（3）方案设计阶段

方案比较：方案编制初期要有至少两个以上的方案进行比较和技术经济论证。

方案交流：方案提出后与委托方进行交流，汇报规划构思，听取相关专业人员、规划管理部门和建设单位的意见，并作深入沟通。

方案修改：根据专家和规划管理部门的意见对方案进行修改，进行补充调研。

意见反馈：将修改后的方案提交委托方，再次听取意见，对方案进行修改，直至双方达成共识，转入成果编制阶段。

（4）成果编制阶段

控制性详细规划是城市规划主管部门制订地方城市规划管理法规的基础，成果内容包括文本、图件和附件，详细内容将在后文论述。

（5）规划审批阶段

城市、县人民政府城乡规划主管部门组织编制城市、县人民政府所在地镇的控制性详细规划；其他镇的控制性详细规划由镇人民政府组织编制。城市的控制性详细规划经本级人民政府批准后，报本级人民代表大会常务委员会和上一级人民政府备案。控制性详细规划草案编制完成后，控制性详细规划组织编制机关应当依法将控制性详细规划草案予以公告，并采取论证会、听证会或者其他方式征求专家和公众的意见；并组织召开由有关部门和专家参加的审查会；审查通过后，组织编制机关应当将控制性详细规划草案、审查意见、公众意见及处理结果报审批机关。经批准后的控制性详细规划具有法定效力，任何单位和个人不得随意修改。

3. 控制性详细规划的成果要求

控制性详细规划编制成果由文本、图件（图纸和图则）、附件（说明书、基础资料、研究报告）构成。文本和图件的内容应当一致，并作为规划管理的法定依据。

（1）文本

文本是规划的法制化和原则化体现，以简练明确的条文形式，表示地块划分和土地使用性质、开发强度等控制指标、配套设施、有关技术规定等内容，经批准后成为土地使用和开发建设的法定依据。具体包括以下内容：

① 总则

以条文的形式说明编制规划的目的、背景目标、依据、适用范围、文本与图则的关系、生效日期和解释权所属部门。

② 土地使用性质及兼容性控制

依据总体规划、分区规划及相关专业规划，深化确定规划范围内各类建设用地的布局、用地面积与用地界线。确定城市用地细分原则，按照《城市用地分类与规划建设用地标准》（GBJ 50237—2011），将用地划至中类或小类，同时对土地兼容范围作出规定。

③ 土地使用强度与建筑规划管理控制

根据总体规划、分区规划对规划用地的人口及建筑密度分区提出要求。合理确定建筑密度、建筑高度、容积率、绿地率等基本控制指标，制订相应的土地使用与建筑管理规定。

④ 道路交通与竖向控制

以城市总体规划或分区规划中确定的城市规划区内主次干路为依据，深化规划区内各级支路，并确定其走向、线型、断面形式、交叉点坐标及标高，确定广场、立交、公交首末站及站场、停车场、步行空间系统等交通设施位置及规模，确定用地竖向规划原则、地块控制标高。确定街坊和地块的车行出入口方位和数量，对禁止开口路段进行控制，明确配建停车位的控制要求。

⑤ 公共服务设施控制

对城市公共设施（是指对居住区及居住区级以上的行政、经济、文化、教育、卫生、体育以及科研设计等机构的设施）进行定量、定位、定界的具体控制。根据规划区内的用地性质和居住人口规模，确定配套服务设施项目，控制的重点在非盈利性公共配套服务设施项目。明确其用地位置、占地面积、用地界线及建设的规模与数量、服务半径。

⑥ 市政公用设施与工程管线控制

根据规划容量，确定各类市政公用设施的用地界线及各类工程管线的走向、管径等技术控制要求。

⑦ 城市设计引导

从城市设计的角度，提出城市设计控制要求，包括空间环境、建筑形体、建筑群体空间形态、建筑风格等引导或控制要求。

⑧ 特别控制（内容可选）

根据规划区域的具体情况，选择需要制订的控制内容：

A. 生态环境保护控制：对作为城市生态环境基础的城市绿地进行控制；对山体、水系、园林、绿地等开敞空间和动植物、土壤、典型地形地貌等自然资源，进行合理保护与利用，并对环境污染的治理提出要求。

B. 地下空间的开发控制：对地下空间的利用性质、地下设施（通道、出入口等设施）与地面建筑物的关系提出控制要求。

C. 历史文化遗产保护控制：依据总体规划、分区规划及其他相关规划，落实、深化历史文化遗产保护专项规划中对规划地区内历史文化遗产的保护要求。

D. 环保控制与防灾控制：提出对城市防洪防涝规划、消防规划、抗震规划以及人防规划的控制。

（2）图纸

规划图纸包括必须的基本图纸和根据项目特点可酌情增加的图纸两部分。

① 区位图

图纸比例不限；标明规划地段在城市中的位置以及和周围地区的关系。图纸比例为 1：1000～1：2000。

② 土地使用现状图

其内容包括土地使用现状、建筑现状、人口分布现状、市政公共设施现状，应标明自然地貌、道路、绿化和各类现状用地的范围、性质以及现状建筑的性质、层数、质量、产权等。图纸比例为 1：1000～1：2000。

③ 规划布局结构分析图

其上应标明规划的布局意图，示意规划的结构组成。

④ 道路系统规划图

其上应标明规划范围内道路交通系统以及与周边地区的联系，标明道路红线宽度、道路长度、主要道路横断面形式、道路交叉口坐标与标高以及道路交通设施的位置与用地范围等。图纸比例为 1：1000～1：2000。

⑤ 公共服务设施规划图

其上应标明各级配套公共服务设施的位置与用地范围。图纸比例为 1：1000～1：2000。

⑥ 绿地系统规划图

其上应标明城市绿地构成及用地范围。图纸比例为 1：1000～1：2000。

⑦ 各项工程管线规划图

其上应标明各项工程管线的平面位置、管径、控制点坐标与标高及各类市政设施站点用地和大型市政通道地上、地下空间控制宽度与高度。图纸比例为 1：1000～1：2000。

⑧ 竖向规划图

其上应分析道路走向及坡度，处理好道路与各地块高差关系，尊重自然地形走势，适度改造利于城市建设。图纸比例为 1：1000～1：2000。

⑨ 地块编码图

其上应标明街坊和地块划分的界限和编号（与"地块控制指标一览表"相对应）。

图纸比例为 1：1000～1：2000。

⑩ 城市设计引导图

其上应标明规划地区节点、规划地区标志、规划地区景观通廊、景观轴线、景观特色区、景观视廊、边沿、步行体系、绿化体系等总体城市设计框架和开放空间体系构成要素的位置、用地范围、相关用地的控制范围；确定规划地区内各类天际轮廓线控制示意，如滨水轮廓线、重要街道的街景轮廓线、景观轴线的天际轮廓线等；划定需要进行进一步城市设计的重点控制地块的位置、用地范围。

⑪ 地下空间开发控制图

其上应标明地下空间的开发利用性质、利用范围、通道出入口位置、地下设施与地面建筑物的关系。

（3）图则

① 地块划分编码图

其上应标明地块划分界线及编号（与文本中控制指标一览表相对应）。

② 分图图则

其为规划区用地详细划分后的分地块控制图，反映地块编号、地块面积、地块界限（主要控制点坐标）、用地性质、规划保留建筑、公共设施位置并标注主要控制指标；反映道路走向、线型、断面、主要控制线坐标、标高以及停车场和其他交通设施用地界线。图 6-1 和图 6-2 为分图图则样例。

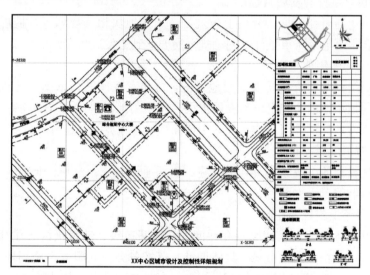

图 6-1　分图图则样例 1

（4）说明书

规划说明书是对规划内容及相关技术规定的具体解释和说明。包括对规划文本和规划图纸的依据和理由的具体说明、描述等，供规划管理人员及有关人员查阅、了解，以便对技术规定作出说明或在具体执行过程中掌握、应用。

① 规划背景和现状分析

规划编制的背景情况；城市的地理位置、自然条件、交通条件、社会经济等基本

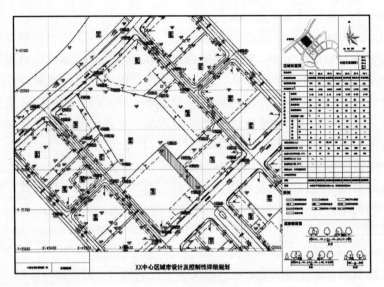

图 6-2　分图图则样例 2

情况，涉及历史文化保护规划时，应介绍城市的历史沿革；规划地块在城市中的位置、界限、面积；基地现状情况（地形地貌、道路交通、现状建筑质量、层数、建成环境风貌、植被、水系、用地性质、周边环境条件等）概述。

② 规划设计条件和发展目标

叙述总结规划研究依据；分析上位规划、周边地块相关规划等，梳理形成规划设计条件；结合本基地及城市条件，明确规划所要达到的发展目标。

③ 规划结构和用地布局

说明规划结构及用地布局现状用地情况，分析存在问题；依据上述规划条件分析结果，确定规划用地的功能定位和发展规模，作出用地布局的合理结构并作相应说明；确定规划范围内各类建设用地的布局、用地面积与用地界线并作分类说明。

④ 土地使用规划控制

说明用地控制的一般原则及具体措施，包括地块细分、合并、兼容性、建设容量、奖励与补偿机制等若干方面。

⑤ 公共服务设施规划控制

说明公共服务设施现状情况及存在问题；按照市级、地区级、居住社区级、小区级四个级别（级别按不同城市情况具体调整）落实各类公共服务设施用地位置、边界、规模及设置要求；说明所依据的规范、标准，主要参数确定及其计算过程等。

⑥ 建筑规划控制

提出建筑控制指标，说明各指标的控制依据。

⑦ 道路交通规划

说明道路交通现状情况，分析存在问题；根据上位规划，结合基地情况，说明道路系统的分级及调整情况；对道路规划进行说明，包括道路断面、交叉口形式、道路竖向（交叉口标高、坡度和坡长）等；说明交通设施的配置和管理要求，包括设施类型、位置、面积及依据的规范标准等（交通设施包括对外交通设施的站场设施；公共交通设施的站点位置和占地面积；轨道交通设施的交通线、站点位置、站场位置及面积；城市交通综合换乘枢纽；城市交通广场等）；说明机动车出入路段的控制依据和具体要求；确定自行车交通和步行交通的系统组成和控制要求，说明控制依据。

⑧　绿地系统规划

说明绿地系统现状，分析存在问题；具体说明规划各类绿地的位置、边界、规模，确定各类绿地指标控制与建设要求；确定各开发地块的绿地率。

⑨　河流水系规划

说明规划范围内现状水系的网络结构、水面率、水质情况，在城市或地区水系中的作用，防洪防涝能力；明确规划的水系网络、保留水面面积等；明确防洪、防涝、防汛、防潮设施位置标高和水位要求；提出驳岸形式控制要求。

⑩　城市设计引导

分析把握城市和规划区的历史人文特色与自然环境特征，确立规划地区总体城市设计框架；制订城市设计目标、控制重点及相应的城市设计指引。

A.　场地竖向控制

分析现状场地竖向条件，提出规划区域竖向规划原则，依据相关规范标准，确定地块排水要求、高程控制要求；对山区地形要提出台地规划和护坡墙的设置要求。

B.　地下空间规划控制

明确地下空间开发总体思路和基本原则；研究地下空间开发的需求，预测开发建设量；提出相关控制指标，如性质、权属、退界、容量、深度等。

C.　市政基础设施规划控制

根据地块用地类别及容量测算指标，预测本地块配套基础设施各类需求量和管径直径；各类工程管线的具体位置、设计标准、建设规模和用地规模，以及根据规划道路断面确定主次干管和支管的平面位置和纵向位置。

D.　环保控制

提出大气、水、噪声、固体废弃物的环境保护标准和要求。

E.　防灾控制

提出人防、消防、防震、防洪及其他灾害的防治标准和规划要求。

F.　规划实施

对控制详细规划的实施提出建议和管理措施。

6.2　控制性详细规划的相关理论

6.2.1　地块划分依据

用地边界是规划用地和道路或其他规划用地之间的分界线，用来划分用地的权属。一般用地红线表示的是一个包括空中和地下空间的竖直的三维界面。地块的用地边界划分一般有如下原则：

（1）严格根据总体规划和其他专业规划，以及根据用地部门、单位划分地块。

（2）以单一性质划定地块，即一般一个地块只有一种使用性质。

（3）建议有一边和城市道路相邻。

（4）结合自然边界、行政界线划分地块。

（5）考虑地价的区位级差。

（6）地块大小应和土地开发的性质规模相协调，以利于统一开发。

（7）对于文物古迹、历史建筑及现状质量较好，规划给予保留的地段，可单独划块，不再给定指标。

（8）规划地块划分必须满足"专业规划线"的要求，专业规划线用于城市基础设施的控制要求，主要有道路红线、河湖水面蓝线、城市绿化绿线、城市基础设施黑线、文物古迹保护紫线等。（表 6-1 为规划控制线一览表，图 6-3 为各类控制线在用地边界中的示意图）。

（9）规划地块划分应尊重地块现有的土地使用权和产权边界。

表 6-1　规划控制线一览表

名称	作用
红线	道路用地和地块用地的边界线
绿线	各类绿地范围的控制线
蓝线	河流水体保护和控制的地域界线
紫线	历史文化街区和历史建筑的保护范围界线
黄线	基础设施用地的控制界线

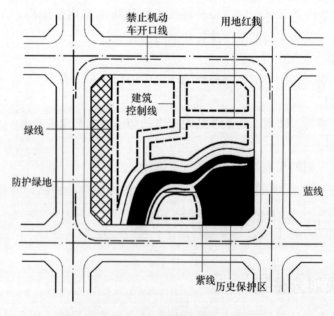

图 6-3　各类控制线在用地边界中的示意图

6.2.2　规划容积率依据

1. 地块的使用性质

不同性质的用地，其开发强度不相同。例如，商业、旅店和办公楼等的容积率一般应高于住宅、学校、医院和剧院等。

2. 地块的区位

土地区位效益（级差地租）理论支配着城市各项用地的空间安排及土地利用效率与开发强度。土地使用强度，应根据其区位和级差地租区别确定。例如，中心区、旧城区、商业区和沿街地块的地价与居住区、工业区的地价相差很大，对建设用地的使用性质、地块划分大小、容积率高低、投入产出的实际效益等产生直接影响。例如，中央商务区（CBD）的容积率比远离中央商务区的地区要高得多。

3. 地块的基础设施条件

一般来说，较高的容积率需要较好的基础设施条件和自然条件作为支撑。

4. 人口容量

较高的容积率能容纳更多的人口，则需要较好的基础设施条件和自然条件；以城市交通与基础设施容量指标来控制地块的开发建设强度，既要避免过度开发，也要防止利用不充分。例如，香港的太古广场、东京的涩谷、上海的国际金融中心地区、英国的道克兰地区高密度开发就配以高强度的基础设施容量。

5. 地块的空间环境条件

即规划地块与周边空间环境上的制约关系，如建筑物高度、建筑间距、建筑形体、绿化控制和联系通道等。

6.2.3　经济分析的一般方法

估算总投资，对建设项目分为不同的单项进行建设工程投资估算后累积，估算有关指标。

收益还原法估算，根据城市建设的有关政策，进行土地价值增量的测算，可采用房地产方法中的成本法和收益还原法，分别计算可转让土地的价格。

成本估算法，用可能成交地价与土地开发成本作比较，分析估算土地开发收益，用房地产的法定利润率为依据，测算房地产开发的经济效益评估，两者之和为项目建设的直接效益。

间接效益估算，城市建设具有很强的产业带动力，本区经济繁荣对邻近地区所带来的间接效益应作评估。

估算城市建设给规划范围经济带来的综合效益，根据规划方案，依据商业和服务业平均利润及综合税率，测算规划方案实施后带来的直接经济效益。

6.2.4　城市设计控制

落实城市总体城市设计要求，把握城市整体空间结构、开敞空间、城市轮廓、视线走廊等各类空间环境特征，研究各控制单元的空间形态和景观特色，对控制性详细规划单元的整体空间格局和重点街区提出空间尺度要求，对开敞空间、景观节点、标志性建筑的位置和建筑高度提出控制要求。

城市重点风貌区应首先编制城市设计，运用城市设计理念，对控制单元整体空间格局、景观特色、建筑高度与体量、风格、形式、色彩等进行综合分析研究，提出规划控制要求，作为重点风貌区开发强度和空间环境指标的基本依据。

6.2.5 控制性详细规划的立法构建

现代西方城市规划的起源是与立法联系在一起的，将城市规划纳入法律的框架，是保障规划实施的重要手段。控制性详细规划作为城市总体规划与修建性详细规划之间的中间环节，是城市规划管理的主要依据和土地有偿使用的前提条件。随着市场经济的强烈冲击，规划的控制力受到严峻挑战，规划工作自身所具有的弹性又与法律的严格性、确定性有一定的矛盾，因此构建我国控制性详细规划是阶段立法的基本框架，是使之成为城市规划实施管理的核心环节，也是完善控制性详细规划立法的法律支撑、体制支撑、技术支撑和程序支撑。

6.3 控制性详细规划的控制指标

控制指标分为规定性控制指标和指导性控制指标两类，规定性指标是在进行修建性详细规划或规划管理时必须执行的指标；指导性指标是供管理者和设计者参考的指标。

6.3.1 规定性控制指标

1. 用地性质

对地块使用功能和属性的控制。按照《城市用地分类和规划建设用地标准》（GB 50137—2011）标准中的城市用地分类类别代码。按分类标准划分到小类，特殊情况下划分到中类。

2. 用地面积

对地块平面大小的控制，单位是公顷（hm²）。地块面积的计算方法须统一，一般以道路红线为界的地块，其面积应计算至道路红线。

地块划分可以根据开发方式和管理变化，还需要看规划地块的区位、土地地价等具体情况，一般新建区域地块面积可以大些，老城区小些。

3. 建筑密度

指地块内所有建筑基底占地面积与地块用地面积之比（％），它是控制地块容量和环境容量的重要指标。应结合地块的区位、地块性质、建筑高度、建筑间距、容积率等因素综合考虑。合适的建筑密度可保证城市的每一部分都能在一定条件下得到最多的日照、空气和防火安全，以及最佳的土地利用强度。

4. 建筑控制高度

指地块内建筑（地面上）最大高度的限制，又称建筑限高，单位是米（m）。对城市中心区的重要地块，沿路建筑高度需与建筑后退的距离综合考虑。

建筑高度的确定可参考图 6-4 所示的建筑高度计算示意图。

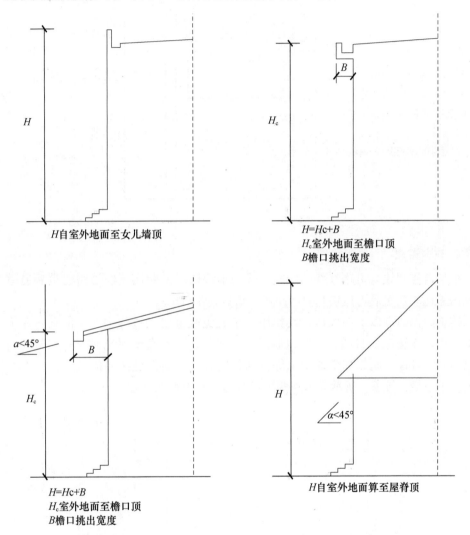

图 6-4　建筑高度计算示意图

5. 容积率

指地块内总建筑面积与地块用地面积之比，是表述地块开发强度的重要指标。应结合地块区位、地块性质、建筑高度、建筑间距和建筑密度等因素综合考虑，保证其可操作性。

容积率可以根据需要制订上限和下限，容积率下限保证开发的利益，可以综合考虑征地价格与建筑租金的关系；容积率上限防止过度开发带来的城市基础设施超负荷

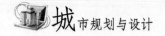

运行及环境质量下降。

6. 绿地率

指地块内各类绿地面积的总和与地块用地总面积之比（%），是衡量环境质量的重要指标（绿地包括公共绿地、宅旁绿地、公共服务设施绿地和道路绿地，图 6-5 为绿地率概念示意图。

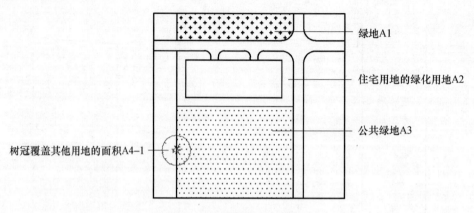

绿地A1

住宅用地的绿化用地A2

公共绿地A3

树冠覆盖其他用地的面积A4-1

图 6-5　绿地率概念示意图

7. 建筑后退

指建筑控制线与道路红线的距离，或与地块边界的距离。即沿路建筑后退道路红线和相邻地块建筑后退地块边界的距离，单位是米（m）。

建筑后退通常以下限控制，其作用一是避免城市建设过程中产生混乱，建筑之间距离过近，无法保证日照、采光、通风等的要求；二是需要保证必要的安全距离，以满足消防、环保、防汛和交通安全等方面的内容；三是保证必要的城市公共空间和良好的城市景观。图 6-6 所示为道路两边建筑物的避灾退让示意图。

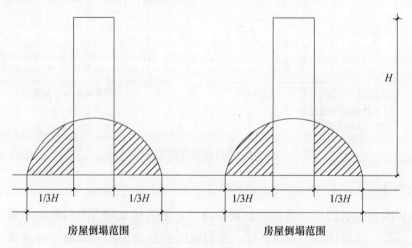

房屋倒塌范围　　　　房屋倒塌范围

图 6-6　道路两边建筑物的避灾退让示意图

8. 出入口方位（人行、车行）

指街坊内或地块内机动车道与外围道路相交的出入口位置的控制。街坊禁止开设出入口的路段和允许开设出入口的数量，允许开设出入口的位置和数量一般用图例表示。

地块出入口方位要考虑周围道路等级及该地块的用地性质。一般规定对城市快速路不设置出入口，城市主干道出入口数量要尽量少，相邻地块可合用一个出入口。城市次干道及支路出入口根据需求设定，数量一般不限制。图 6-7 为禁止开口路段示意图。

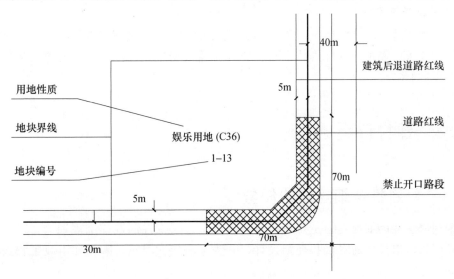

图 6-7　禁止开口路段示意图

9. 配建停车泊位

对地块配建停车车位的控制。一般给出地块配建停车场的停车车位数，单位是辆。通常以下限控制。各地块内按建筑面积或使用人数，必须配套建设适量的机动车停车泊位。

10. 公共服务设施配套要求

主要指与居住人口规模相对应而配建的为居民服务和使用的各类设施，一般用于居住区。

6.3.2　引导性控制指标

控制性详细规划从两个方面决定和影响城市形态，一是地块总体格局和整体形象，是通过整体城市设计来引导；二是各种细则对地块环境品质的控制，是通过对地块中一些指导性指标来引导的。有以下 3 种类型的指标：

1. 人口容量

规划地块内部每公顷用地的居住人口数，一般以上限控制，根据人口密度分区，对每个地块给予建议值。

2. 建筑形式、体量、色彩、风格

建筑体量控制是对建筑竖向尺度和横向尺度的综合限定，但这应该是个三维的概念。为了达到应有的效果,将建筑体量控制要求分解为对建筑主要要素的控制,建筑体量的控制必须保证街道、广场等人流聚集和停留场所有合理的日照时间,保证沿街建筑外轮廓线的视觉效果,并以行人感受的视角作为分析建筑体量的依据。

建筑形体和色彩的引导一般首先要确定参照物,参照物一般是能体现城市特色的载体,然后再提出较为明确的控制方向。

3. 其他环境要求

根据规划地块的具体情况,需要特别引导的内容,如建筑空间组合、建筑小品、环境保护要求(噪声允许标准值、水污染允许排放量、废气污染物允许排放浓度、固体废弃物控制等)。

6.4　修建性详细规划

6.4.1　修建性详细规划的任务

编制修建性详细规划的主要任务是:满足上一层次控制性详细规划的要求,直接对建设项目作出具体的安排和规划设计,并为下一层次建筑、园林和市政工程设计提供依据。

修建性详细规划的对象是城市中功能比较明确和地域相对完整的区域。按功能可以分为居住区、工业区和商贸区详细规划等。近期内拟建设的地区应编制修建性详细规划。

6.4.2　修建性详细规划的编制内容

根据建设部《城市规划编制办法》,修建性详细规划应当包括下列内容:
(1)建设条件分析及综合技术经济论证。
(2)建筑、道路和绿地等的空间布局和景观规划设计,布置总平面图。
(3)对住宅、医院、学校和托幼等建筑进行日照分析。
(4)根据交通影响分析,提出交通组织方案和设计。
(5)市政工程管线规划设计和管线综合。
(6)竖向规划设计。
(7)估算工程量、拆迁量和总造价,分析投资效益。

6.4.3　修建性详细规划的成果要求

修建性详细规划的成果包括文件和图纸:
(1)修建性详细规划文件为规划设计说明书。
(2)修建性详细规划图包括:规划地区现状图、规划总平面图、各项专业规划图、竖向规划图、反映规划设计意图的透视图。图纸比例为1:500~1:2000。

第7章　现代城市设计的基本原理与方法

7.1　城市设计概述

从古代到工业革命，城市规划和城市设计基本上是一致的，附属于建筑学。二次世界大战之前的城市重建为以 CIAM 为代表的现代主义建筑师提供了舞台。然而，20 世纪 60 年代以后，西方工业文明已达到顶峰，在科技进步带来了极大社会繁荣的背后，是人类对生活环境在生活秩序和社会文化等层面的更高层次的追求。在城市设计领域，以功能分区为基础的现代主义城市设计模式忽视了城市原有的复杂社会文化因素，在大规模的城市开发建设过程中破坏了城市原有的结构和秩序，因此遭到人们的反思和批判。

在对现代主义的反思和批判过程中，城市规划与城市设计逐渐各有其不同的侧重点。城市规划不再单纯地考虑物质形体空间，而着重研究在不同社会经济关系下以土地为载体的城市空间资源分配。而以城市生活空间的营造为目标的城市设计则更多地承担了城市物质空间环境设计的任务。但此时的城市设计也由单纯的物质空间的塑造，逐步转向城市文化的探索；由城市景观美学转向具有社会学意义的城市公共空间及城市生活的创造；由巴洛克式的宏伟构图转向对普遍环境感知的心理研究。于是出现了一批城市设计学者，开始从社会、文化、环境、生态各种视角对城市设计进行新的解析和研究，并发展出一系列的城市设计理论与方法。

7.2　城市设计基本理论

7.2.1　空间与秩序——空间形态的研究分析理论

城市的空间、形式、秩序是城市设计亘古不变的主题，创造良好的、美的空间秩序也就成为城市设计的最主要目标。围绕这个目标，以城市物质空间为客观研究对象，将人作为空间设计研究的主体，关注人与空间的微妙关系，将人的尺度、感知与空间设计关联起来，形成设计的理论、原则和技艺。

1. 卡米勒·西谛的城市空间美学研究

卡米勒·西谛（Camillo Sitte），奥地利人，是 19 世纪末到 20 世纪初著名的建筑师和城市设计师。他于 1889 年出版了《城市建设艺术》（The Art of Building Cities）

一书，创立了从艺术领域研究城市空间的先河。

西谛当时所处的时代是工业革命以来的大发展时期，城市不再以人为基准点，而是以汽车、快速路为设计原则。而当时建筑的内部变得日益舒适，从而使人们失去了对在外部空间中进行露天活动的欲望，导致许多人不愿意外出活动。基于这样的现实，西谛考察了大量中世纪欧洲城市的广场和街道，总结出这些街道和广场的特点：以人为基本出发点，提供了大量宜人尺度的公共空间，使人们乐于在户外交流、活动。西谛呼吁城市建设者向过去丰富而自然的城镇形态学习，他对建设城镇的基本规律进行了生动探讨，目的在于促进提高城市建设的艺术质量。

西谛认为理想的美丽城市应具有以下特征：

（1）城镇建设自由灵活，不拘形式，几何形规划既不能强加于不规则地形也不该用于历史地段已经确定了不规则边界线的地方，相反，街道应自然地顺应其本身特征。

（2）城镇应通过建筑物与广场，环境之间恰当的相互协调，形成和谐统一的有机体。

西谛提倡公共广场群之间相互组合形成统一整体，城镇是按照当地条件和居民心理自然发展起来的，因此，在形式上必然存在某种内在的呼应，从而达到整体协调。他通过对城市空间的各类构成要素，如广场、街道、建筑、小品等之间的相互关系的探讨，揭示了这些设施位置的选择，布置以及交通，建筑群体布置之间建立艺术的适宜人的相互关系的一些基本原则，强调人的尺度、环境的尺度与人的活动以及他们的感受之间的协调，从而建立起城市空间的丰富多彩和人的活动空间的有机构成。

例如西谛做了有关广场大小的阐述，按照他的说法，广场宽度等于主要建筑物的高度，最大尺寸不超过其高度的 2 倍。用公式表示则为 $1 \leqslant D/H \leqslant 2$。当 $D/H < 1$ 时，从广场来说，成了建筑与建筑相互干涉过强的空间。$D/H = 2$ 时，则有点过于分离，作为广场的封闭性就不起作用了。D/H 在 1 与 2 之间时空间平衡，是最紧凑的尺寸。

可以看出，西谛主要是从视觉及艺术性角度来探讨城市物质性空间的艺术组织原则，并把它提升到一个十分重要的地位。他的思想促使城市设计者从醉心于辉煌的大构图，转而重视城市环境中近人的生活尺度和关注空间形式美的原则。

实际上，他的空间艺术分析主要适用于小范围、城市局部空间，偏重于实体环境组合的形式美，没有涉及人的行为、心理等因素对空间形式审美的影响，具有一定的局限性。

2. 埃德芒德·培根的城市空间运动学研究

埃德芒德·培根（Edmund Bacon）先生是美国宾夕法尼亚大学的资深教授、费城的总建筑师。《城市设计》一书是培根先生一生对城市设计理论探索和实践经验的总结。本书以不同历史时期城市的基本模式为主线，全面探讨和系统总结了不同时期诸多城市空间结构形成、发展演变的进程、肌理和特征。

在城市空间的研究方面，培根先生一方面继承并发展了他的老师、美国著名城市设计先驱 E·沙里宁教授（Eliel Saarinen）的"形体环境设计"理论，同时提出了"同时运动诸系统"（simultaneous movement systems）理论，把城市空间和运动结合起来，反映了第二次世界大战后城市建设在功能和速度上发生了质的变化。

"同时运动诸系统"的概念是在研究市民对城市空间感受的基础上提出的，市民在城市中的运动是市民城市经历的基础，开车或步行，每种不同的运动方法都有不同的速度、视野、环境和限制，因此每个市民都有不同的城市空间感受。运动的目的也有很多种，上下班、上下学、购物、休闲等。每一种目的都有不同的路网、实践、方向、心态和环境需要等。培根先生以这种不同的空间需求和感受为基础，结合城市空间设计的视觉艺术，综合运用于费城中心区城市设计中，得到了广泛的好评。图 7-1 为美国费城中心区。

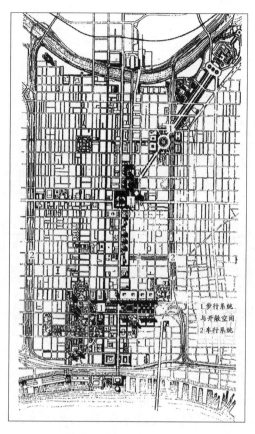

图 7-1　美国费城中心区

这种设计方法的产生是由人们对现代城市空间使用上的变化引起的。适应这种变化反映在两个方面：一是城市功能上，把空间和运动结合起来，在运动中又把步行和车行（汽车、轨道交通）结合起来，把公共交通和私人交通结合起来，整合成一个"同时运动诸系统"的完整体系，并以此形成城市的"设计结构"；二是在空间艺术上吸取了 20 世纪 20—30 年代现代艺术上很多视觉艺术理论，特别是著名艺术大师克莱（Paul Klee）的视觉动态（Visioning motion）理论，变静态为动态，大大丰富了城市设计空间艺术理念。功能与艺术的创新可以说是《城市设计》一书划时代的贡献。

3. 罗伯特·克里尔的城市空间类型学研究

罗伯特·克里尔（Robert Krier）在 1979 年发表了其专著《城市空间》（Urban Space），主要讨论了城市空间的形态和现象，并以广场空间的三原型——方形、圆形和三角形与街道之间的相互关系来进一步分析城市空间。他的城市空间定义为："包括城镇和地区的建筑中所有的空间类型。"这一范围包括从单体建筑的内庭院到开敞的城市空间。他认为城市空间由街道、广场和各种开敞空间构成，城市空间的形式很多，但本质上只存在方形、圆形和三角形三种类型，而其他复杂的空间类型均是由这三种纯粹的空间形式通过插入、分解、附加、贯穿、重合或变形得来的。城市的街道、广场由建筑物组成线形，并由建筑立面围合成空间。建筑立面拥有砖石、窗户、柱廊、连廊等多种变化形式，从而演变为多种多样的空间形式。图 7-2 为克里尔的城市空间解析。

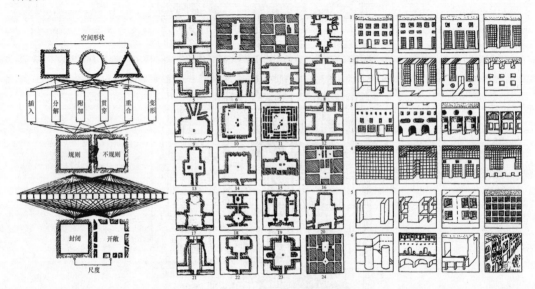

图 7-2　克里尔的城市空间解析

综上，罗伯特·克里尔利用类型学的方法来研究城市空间，类型学是人类研究客观世界的方法之一，将类型学应用于城市设计，通过分组归类的方法分析城市空间的构成体系，把具有相似结构特征的建筑和环境归纳分类，从而把握城市空间的形态特征，为城市发展后新旧建筑组成的城市空间的整体性、延续性设计做了基础性研究。例如，克里尔在德国斯图加特的夏洛腾广场和斯洛斯广场改建设计中，试图恢复广场与现存周边建筑的协调性，设计了明确定义的三角形和各种半封闭的方形广场，广场周边的新建建筑以文化类建筑为主要类型，并考虑过去的传统。

可以看出，克里尔的研究主要基于传统的欧洲城市，在欧洲传统城市中，广场占有十分重要的地位，而在很多东方国家，这种现象并不明显，因此克里尔的分析有一定的局限性；另一方面，他的空间概念主要指城市由各种建筑及环境组成的"虚"空间，很少考虑"人"的因素在空间中的作用。

4. 芦原义信的外部空间设计研究

芦原义信是日本当代著名的建筑师，他认为空间是实体与感知它的人之间的相互关系。他引用中国古代哲人老子的一句话来解释："埏埴以为器，当其无有器之用。凿户牖以为室，当其无有室之用。是故有之以为利，无之以为用。"1960 年起，芦原义信开始研究外部空间问题。究竟什么是建筑外部空间呢？首先，它是从在自然当中限定自然开始的。外部空间是从自然当中由框框所划定的空间，与无限伸展的自然是有不同的。外部空间是由人创造的有目的的外部环境，是比自然更有意义的空间。所以，外部空间设计，也就是创造这种有意义的空间的技术。

在《外部空间设计》一书中，他提出了积极空间、消极空间、加法空间、减法空间等一系列富有启发性的概念。所谓空间的积极性，就意味着空间满足人的意图，或者说有计划性。所谓计划性，对空间论来说，那就是首先确定外围边框并向内侧去整顿秩序的观点。而所谓空间的消极性，是指空间是自然发生的，是无计划的。所谓无计划性，对空间论来说，那就是从内侧向外增加扩散性。因而前者是具有收敛性的，后者是具有扩散性的。

书中着重解释了尺度与人的视野之间的关系。一般认为，人的眼睛以大约 60°顶角的圆锥为视野范围，平视时成为 1°的圆锥。根据海吉曼（Werner Hegemann）与匹兹（Elbert Peets）的《美国维特鲁威城市规划建筑师手册》可知，如果相距不到建筑高度（H）2 倍的距离（D），就不能看到建筑整体。若从看单幢建筑进而为看一群建筑时，一般认为距离为 $D=3H$。重要的是，在进行外部空间设计时，$D/H=1，2，3，……$这些数字到底使用哪一个？需要根据所需创造的具体空间气氛来加以研究。通常来说，当 $D/H=1$ 时，空间高度与间距存在匀称性；当 $D/H<1$ 时，空间高度与间距存在紧迫性；当 $D/H>1$ 时，空间高度与间距存在远离性。

基于此尺度分析和作者自己的经验，并结合建筑实例，对庭园、广场等外部空间的设计提出了一些独到的见解。

外部空间的第一假说：外部空间可以采用内部空间尺寸 8～10 倍的尺度，称之为"十分之一理论"（One-tenth theory）。

外部空间的第二假说：于外部空间，实际走走看就很清楚，每 20～25m，或是有重复的节奏感，或是材质有变化，或是地面高差有变化，即使在大空间里也可以打破其单调，有时也会一下子生动起来。一般说来，可以识别人脸的距离是 70～80 英尺，正好是 20～25m 这个距离。这是作者提出的第二假说，称之为 25m 模数理论。

5. 城市空间的物质-形体分析方法研究

所谓物质-形体分析方法是指基于空间美学原则，对城市物质空间各要素之间关系做的视觉层面上的分析，目的在于创造良好的视觉秩序。罗杰·特兰西克在其 1986 年出版的《寻找失落的空间》一书中，提出图底关系理论和联系理论是物质-形体分析的主要理论方法。

（1）图底关系理论

图底关系理论是研究城市的虚空间与实体之间存在规律的理论。它试图通过对城市物质空间结构组织加以分析，明确城市形态的空间结构和空间等级，确定出城市的积极空间和消极空间。

城市环境中，建筑形体的主导性使其成为人们知觉的对象，周围的空间则被忽视，建筑被称为"图"，周围空的部分被称为"底"。把建筑涂黑，虚空间留白，形成的图就是图底关系图；反之形成的图称为图底关系反转。

在我国传统城市空间及建筑组群布局中，如传统的四合院，存在着这种图底关系及其反转关系（图7-3为北京四合院四进院图底关系图）。同样，中世纪的意大利城市空间也存在这样的图底关系，如诺利1748年的罗马城市空间的虚实关系对比图（图7-4为意大利罗马的诺力图底关系图）。

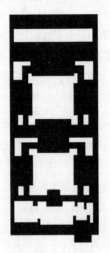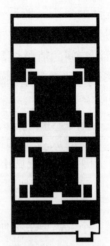

图 7-3　北京四合院四进院图底关系图

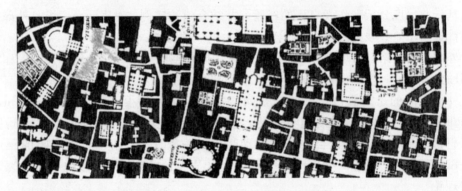

图 7-4　意大利罗马的诺力图底关系图

从传统四合院的图底关系中，可以看出虚空间与实体空间同等重要，虚实相生，成为有机的整体；从诺力地图中可以看出，外部公共空间的形成及其形状大小都由周围的建筑围合而成，具有较强的封闭性，既是图底关系反转，也能保持一种图底的稳定状态。

在现代城市空间中，建筑实体作为空间的主角，大片虚的空间作为背景，建筑物孤立其中，图底关系不可逆转。其周围的虚空间支离破碎，出现许多消极的空间，如图7-5为空旷的现代城市空间——印度昌迪加尔中心。

借助图底关系的分析方法，可以发现城市或城市局部地段的结构组织及肌理特征，明确空间界定的范围，不同等级空间的组织效果等，从而为城市设计提供一种参照。

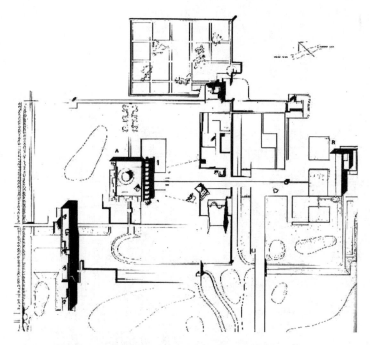

图 7-5　空旷的现代城市空间——印度昌迪加尔中心

（2）联系理论

联系理论是研究城市形体环境中各构成要素之间存在的"线"性关系规律的理论，又称为关联耦合分析。这些线可能是交通线、线性公共空间或视线，如各种交通性干道、人行通道、序列空间、视廊和景观轴等。通过这些"联系线"的分析来寻找形态元素的形式组合规律及其动因，其目的在于组织一种关联系统或网络，从而建立空间秩序的达成结构。

关联耦合秩序的建立分为两个层次，一是物质层面上，表现为用"线"将客体要素加以组织联系，使彼此孤立的要素之间产生关联，形成一个"关联域"，从而建立了空间秩序（图 7-6 为澳大利亚堪培拉市中心景观轴、图 7-7 为美国华盛顿市中心主要联系轴）；二是不仅仅是联系线本身，更重要的是线上的各种"流"，如人流、交通流、物质流、能源流、信息流等的内在组织作用，将各空间要素联系成为一个整体。

总之，联系理论为建立城市空间秩序提供了一条主导思路，它将"关系""关联"的重要性置于空间构成的首要地位，不仅为理解城市空间结构提供理论分析框架，而且也为在此基础上，创造和谐统一的空间结构提供了思路和手段。

（3）空间句法分析

空间句法分析又称为"社区空间分析"，它是英国学者比尔·希利尔于 1983 年首次提出来的，是一种建立在图底关系理论、联系理论和社区分析综合基础上的城市空间分析方法。

空间句法的分析过程，是在城市和建筑两个层次上，用客观、精确的描述方法，实际调查研究环境，把社会可变因素与建筑形体联系起来，并借助电脑模拟实验，作为空间分析、评价设计的工具。图 7-8 为希利尔的"空间句法"分析示例。

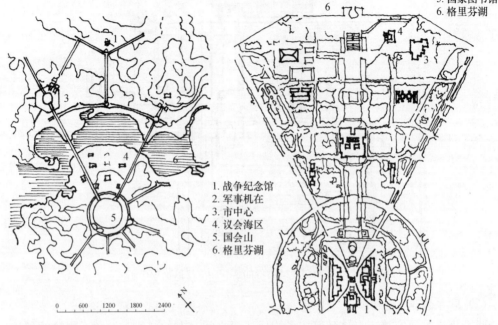

1. 议会大厦
2. 临时议会大厦
3. 国家艺术馆
4. 最高法院
5. 国家图书馆
6. 格里芬湖

1. 战争纪念馆
2. 军事机在
3. 市中心
4. 议会海区
5. 国会山
6. 格里芬湖

0 600 1200 1800 2400

图 7-6 澳大利亚堪培拉市中心景观轴

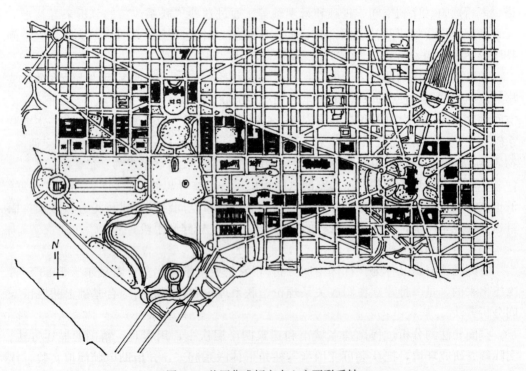

图 7-7 美国华盛顿市中心主要联系轴

(a) 对现代居住区分析　　　　　　　(b) 对传统城镇的分析

图 7-8　希利尔的"空间句法"分析示例

在空间句法分析中，希利尔引入 3 个变量：一是从特定空间观察的一维视线长度，称为"轴线"；二是空间中的二维宽度，称为"凸状"；三是三维的"深度格局"。运用这 3 个变量，赋予每个空间一个数值来表示它与给定分析系统中其他空间的关系，并用电脑绘出深度图，根据数字差别，可绘出其所在空间相对深度的精确指标，据此可对不同城市设计方案进行比较分析。

希利尔分析了一百多个城镇空间和城市设计方案，从中得出，城市空间组织对活动和使用模式的影响主要有 3 个方面，即空间的可理解性、使用的连续性和可预见性。这一方法结合了电脑技术，较之传统的图底分析更严谨，是传统美学原则分析与现代信息技术结合的一种有益尝试。

7.2.2　环境与意象——空间体验的分析理论

1. 凯文·林奇的城市形态观

凯文·林奇（Kevin Lynch）是美国 20 世纪杰出的人本主义城市规划理论家。他的理论开拓了研究城市设计理论的一块新天地，影响了现代城市设计、城市规划、建筑、风景园林等各个学科的建设和发展。林奇曾师从于弗兰克·劳埃德·赖特，学术研究则走的刘易斯·芒福德的道路，即透过物质空间的表象去追寻城市内在的秩序。

林奇的研究是从探求城市形态、结构和组织开始的，他思考美好的城市应该是怎样的？在考察欧洲城市期间，通过问卷、访谈等形式了解城市中居民的切身感受，进行深入剖析，从历史和形态的角度对城市形式的不同属性进行探讨。林奇认为，城市美不仅指构图和形式，而是将城市分解为人类可感受的城市特征，如可识别、易记忆、有秩序，有特色等。他对于人们对环境的感知格外重视，认为好的城市形式也就是这种感知比较强烈的城市形式。

2. 环境认知与城市意象

林奇花费了 5 年时间研究如何对城市空间信息进行解读和组织。他认为人对环境的感知是一种格式塔，格式塔是环境心理学的范畴，意指形式或图形，是一种通过经验来有组织地认识整体的方法。人总是将感知对象加以组织和秩序化，从而加强对环境的适应和理解。林奇从市民绘制的认知地图入手，探求城市的内在关系。并将这些个体的认知地图进行汇总分析，得到城市的"公共意象图"，从中总结出市民能够感知的具有城市特征的城市要素（图 7-9 为美国波士顿认知地图）。

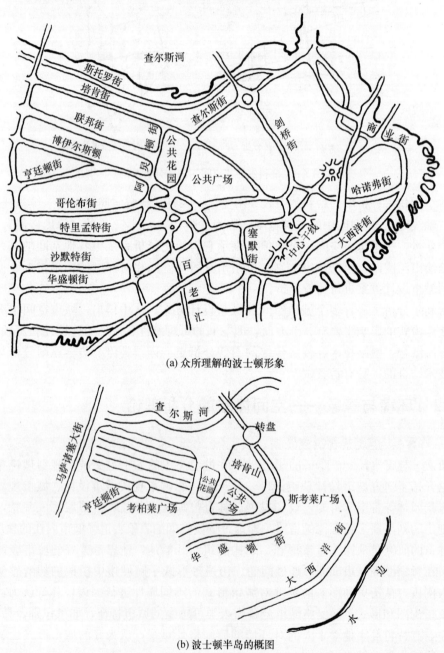

(a) 众所理解的波士顿形象

(b) 波士顿半岛的概图

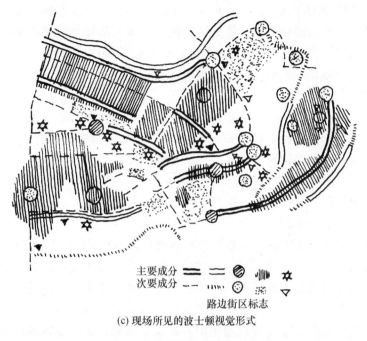

主要成分 ▬▬　▬　◪　⫴⫴⫴　✡

次要成分 ---　ıı̨ı̨　◉　⩫⩫⩫　▽

路边街区标志

(c) 现场所见的波士顿视觉形式

图 7-9　美国波士顿认知地图

　　1960 年，林奇发表了他的代表作——《城市意象》(The Image of the City)，提出了一种全新的分析城市形态的创造性方法。

　　书中首先探讨了什么是城市意象。所谓意象性是指具形物体使每个特定观察者产生高概率的强烈心理形象的性能，也可称之为可识别性。城市的可识别性是指一些能被识别的城市部分以及它们所形成的结构紧密的图形。人们之所以能识别城市中的路径，就是记住了城市的某些特定形象，心理学家把记忆中的客观事物和形象称为表现或意象，把人们对于特定空间的表现或意象称为认知地图。通过大量居民的认知地图，林奇在排除了地域的社会意义、作用、历史等其他因素的影响之外，认为城市意象的内容主要与物质形式有关，其构成要素包括道路、边缘、区域、节点和地标，居民正是通过这 5 种要素的认知，才识别了城市视觉形态。

　　(1) 道路：是观察者们或频繁、或偶然、或有潜在可能沿之运动的轨迹，可以是街道、步道、运输线、河道或铁路——这是大多数人意象中的主要道路元素。人们沿着道路运动，同时观察城市，并靠这些道路把其余的环境因素组织、联系起来。

　　(2) 边界：是一种线性元素，是两个界面之间的界线，是连续体上的线性结构，如海滨、铁道断口、城市发展的边缘、墙体等。这种边界可以是将一个地区与另一个地区相隔的，具有一定可渗透性的屏障，也可以是两个地区互相联系、互相结合的接缝线。这些边界元素也许不具备道路那样的主导地位，但对于许多人来说，它们却是组织过程中，尤其是在把缺乏个性的地区联系到一起时，非常重要的特色元素，譬如城市轮廓线上的水体或墙体。

　　(3) 区域：是城市中等尺度或大尺度的组成单元，它们代表着两个不同尺度的范围。观察者们在精神上深入它们"内部"，它们由于具有一些个性鲜明的共有特征而易于被人们所感知。从内部看，它们总是易于辨认；如果从外部可见的话，它们也常被用作外部空间的参照物。大多数人以这种方式在一定范围内来构想他们心目中的城市。对于他们而言，个体差异比道路与区域都更加重要，这不仅取决于个人，还要看具体给定的城市。

（4）节点：就是标识点，是城市中观察者所能进入的重要战略点，是居民出行过程中抵达与出发的聚焦点。它们主要是一些联结枢纽、运输线上的停靠点、道路盆口或会合点，以及从一种结构向另一种结构转换的关键环节。节点也可以只是简单的汇聚点，只因为是某种功能或物质特性的中心而显得举足轻重，比如街角空间或围合的广场。无论何种情况，几乎任何一幅意象图中都会有节点标志，在某些特定条件下它们可以是主宰全局的特征。

（5）地标：是另一类型的点状要素，观察者只能身处它们外部，而并不能进入其中。它们通常是一些简单定义的实物：建筑、标识牌、商店或山峰。它们的作用是从一大堆可能对象中挑选出突显处的一个单独元素。地标可大可小，可远可近，对于一个观察者熟悉的范围，地标可能就是不计其数的指示牌、商店招牌、树木和城市中的其他细节，这些线索被反反复复地用于识辨，甚至用来构建观察者的意象图。而随着人们对一段路途越来越熟悉，他们对这些标识物的依赖也与日俱增（图7-10为城市意象五要素示意图）。

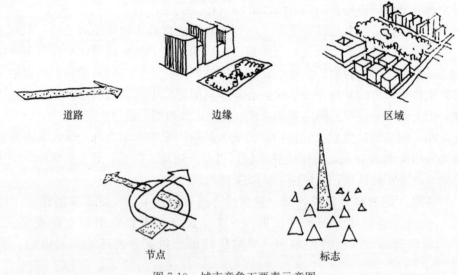

| 道路 | 边缘 | 区域 |

| 节点 | 标志 |

图7-10　城市意象五要素示意图

3. 城市设计意象论

林奇的城市意象理论认为，人们对城市的认识并形成的意象，是通过对城市的环境形体的观察来实现的。城市形体的各种标志是供人们识别城市的符号，人们通过对这些符号的观察而形成感觉，从而逐步认识城市本质。城市环境的符号、结构越清楚，人们也越能识别城市，从而带来心理的安定。林奇从人的环境心理出发，通过认知地图和环境意象来分析城市空间形式，强调城市结构和环境的可识别性。特别是城市五要素的方法对于形成局部的区域概念特别有效，而且易于操作，因此这一开创性设计方法被广泛运用于城市设计当中。

7.2.3　场所与文脉——空间意义的分析理论

20 世纪 60—70 年代的西方社会，后现代主义思潮异彩纷呈。后现代城市设计显示出开放包容的特性。与现代主义强调纯粹空间形式的个性相反，有些学者关注形式背后的东西，将空间形式背后蕴含着的历史、文化、民族等社会文化领域和建筑学领域的多种思想源源不断地引入其中，挪威建筑师和历史学家诺伯格·舒尔茨的"存在空间""场所精神"理论就是在这种背景下产生的。

1. 诺伯格·舒尔茨的存在空间理论

诺伯格·舒尔茨（Christian Norberg-Schulz）关于空间的理论主要受到现象学、海德格尔哲学和皮亚杰的发生认知论的影响。皮亚杰认为"空间是有机体与环境相互作用的产物"，舒尔茨吸取了这种思想，他认为人对世界的认知图式是由中心出发，形成路径，并由路径划分区域，从而获得他所能及的世界图式。这种图式关系只是拓扑关系，如联系、近邻、分离、闭合等拓扑特征（图 7-11 为各种拓扑关系）。这些关系是定性的而非定量的，只有将这些关系逐步整合到图式中并形成结构化的作为整体的环境意象。舒尔茨认为人们能感受到的由这种图式关系组合成的空间知觉均具有意义，并基于这样的认知提出了"存在空间"的概念。所谓"存在空间"，就是比较稳定的知觉图式体系，即环境的意象。

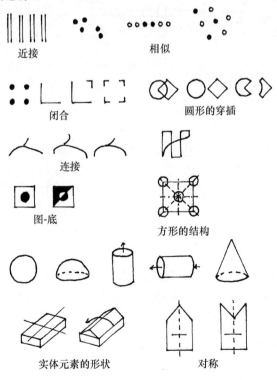

图 7-11　各种拓扑关系

再用之分析存在意义上的城市空间，城市空间可看成由中心（即场所）、方向（即路径）、区域（即领域）三要素构成的，这些要素只有组织起来，才是具有真正可测度的城市空间，而各要素的各种组合，形成了城市空间历时的变化。

诺伯格·舒尔茨的存在空间为我们模拟了一幅认知世界的普遍图式，人对周围环境（包括城市空间）的认知遵从中心—路径—领域模式，并强调了场所的人文意义，较之"只见空间不见人"的理论更进一步。

2.A·拉波波特的空间意义研究

A·拉波波特一直致力于把建成环境与人类精神活动结合起来，他认为，空间的物质条件如气候、地理条件、建筑材料、技术水平等，对空间的形成只起着次要作用，其形象的决定因素在宗教、习俗、礼仪等精神层面。特定的社会文化是空间意义的基础和渊源所在，空间之所以具有意义、具有怎样的意义及该意义的作用如何在人的行为中得以体现，是受到特定文化及由此形成的脉络情景所决定的，还体现在对人的认知方式与途径的影响上（图7-12为环境意义产生的过程）。

图7-12　环境意义产生的过程

在对空间环境意义的研究中，A·拉波波特一方面强调环境线索的重要性，人正是通过对线索的解读才能领悟到环境的意义并作出与之相应的行为；另一方面强调心理过程组织机制——记忆的至关重要作用。历史是事件的集体记忆，城市被赋予形式的过程是城市的历史，持续的事件构成了它的记忆。"城市精神"存在于它的历史之上，一旦这个精神被赋予形式，就成为场所的标志，记忆则成为这结构的引导。这样记忆代替了历史。

由此可见，空间物质要素记录了历史，浓缩了记忆，具有了思想。在当前的环境中，人们通过记忆的介入、与历史、传统及城市精神——城市空间的深层次结构产生感情上的共鸣，从而领悟、理解其意义。

3.场所与场所精神

在舒尔茨和A·拉波波特对空间理解的背后，是对空间存在的深层次解读，即每个空间，不仅仅是三维的物质实体，而是有社会生活属性的所在，是具有实际意义的场所。

场所是具有清晰特性的空间，是由具体现象组成的生活世界。场所是空间这个"形式"背后的"内容"。舒尔茨认为，城市形式并不仅是一种简单的构图游戏，形式背后蕴含着某种深刻的涵义。每个场景都有一个故事。这涵义与城市的历史、传统、文化、民族等一系列主题密切相关，这些主题赋予了城市空间以丰富的意义，使之成为市民喜爱的"场所"。简而言之，场所是由自然环境和人造环境相结合的有意义的整体。这个整体反映了在某一特定地段中人们的生活方式及其自身的环境特征。因此场所不仅具有实体空间的形式，而且还有精神上的意义。

场所精神又比场所有着更广泛而深刻的内容和意义。它是一种总体气氛，是人的意识和行动在参与的过程中获得的一种场所感，一种有意义的空间感。诺伯格·舒尔茨说，建筑师的任务就是创造有意味的场所，帮助人们美好地栖居。

总之，场所精神是指场所的空间组织、形态元素和材质特征的内涵体验，反映了社会、文化等思想和价值观念，并在人与场所的特定关系互动中加以体验和认识。不同的社会、文化，不同的社会团体，不同的人的认知，对场所有不同的理解。这就需要设计者必须深入挖掘和把握各地方的地域特征与使用者对空间的占有及使用要求，从使用者的角度出发，创造出令人满意的场所感。

4. 城市文脉

文脉的涵义则更进一步，从狭义上解释即"一种文化的脉络"。美国人类学家克莱德·克拉柯亨把"文脉"界定为"历史上所创造的生存的式样系统"。可见，文脉是指局部与整体之间的内在联系。涉及城市空间，文脉就是人与建筑、建筑与城市、城市与其文化背景之间的关系总和。

城市文脉是城市赖以生存的背景，是与城市内在本质相互关联、相互影响的那些背景。城市文脉包含显性形态和隐形形态。显性形态包括人、地、物三者。隐性形态是指对城市的形势和发展有着潜在的、深刻的影响因素。它包括城市的政治、经济、历史事件、文化背景、社会习俗及心理行为等。单纯的空间只有和一定的城市文脉相耦合，具有了高于物质层面的文化和精神的属性，才成为"场所"。场所作为城市中最活跃的要素，是城市物质形态与人类活动重叠的产物，是对于城市的主体——人最有意义的空间。例如，城市中的公共空间，将各种人和事耦合在一起，是城市中最具特色和感染力的场所。

7.2.4　绿色与生态——空间生态设计研究

伴随着城市的急速发展，资源、环境等问题日益尖锐，可持续发展成为人类发展的共识。在此背景下，运用自然生态的特点和规律，结合城市生态学和景观建筑学等多学科的专业技术，致力于创造一个人工环境与自然环境和谐共存、面向可持续发展的未来理想城镇环境。

1. 麦克哈格的设计结合自然

伊安·麦克哈格（Ian Lennox McHarg），英国著名的园林设计师、规划师和教育家。二次大战后，战后西方的工业化和城市化发展达到高峰，郊区化导致城市蔓延，环境与生态系统遭到破坏，人类的生存和延续受到威胁。正是在这种情况下，麦克哈格于 1969 年首先扛起了生态规划的大旗，成为景观规划最重要的代言人。他于 1969 年出版的著作——《设计结合自然》(Design with Nature，1969) 建立了从人类整体生态环境的视角探索城市设计的方法，为当时规划设计提出了一个新的准则。

麦克哈格把自然价值观带到城市设计上，强调分析大自然为城市发展提供的机会和限制条件。为此专门设计了一套指标去衡量自然环境因素的价值及它与城市发展的相关性，对土地进行适应性评价，来选择土地适合的功能。他还研究人和环境的关系，强调把人和自然世界结合起来考虑规划设计的问题，并用"适应"作为城市和建筑等人造形态评价和创造的标准。概括地说，麦克哈格的生态设计方法如下：

（1）自然过程的规划

他视自然过程为资源，对自然过程如有价值的风景、地质、生物分布等情况逐一分析，并表示在一系列图纸上，通过叠合这些图找出具有良好开发价值又满足环境保护要求的地域。

（2）生态因子调查和综合

生态规划的第一步是土地信息，包括原始信息和派生信息的收集，前者通过调查规划区域获得，后者通过前者的科学推论得出。然后对各种因素进行分类分级，构成单因素图。再根据具体要求用叠图技术进行叠加归纳出各级综合分析图。

（3）规划结果表达

生态规划的结果是土地适宜性分区，每个区域都能揭示规划区的最优利用方式。若土地具有多种利用方式的可能，则通过矩阵分析利用的兼容度，绘制土地利用规划图成为生态规划的成果。

麦克哈格将规划设计提高到一个科学的高度，成为 20 世纪规划史上一次最重要的革命。

2. 西蒙兹的综合自然设计观

约翰·O·西蒙兹 (John O. Simonds) 是 20 世纪美国最有影响力的景观设计师、规划师、教育家和环境学家。作为一位理论与实践并重的学者，西蒙兹在生态景观规划与城市设计结合及其实际操作上提出了系统而有现实意义的建议和主张。

西蒙兹的学术思想集中反映在他的学术著作——《大地景观——一部环境规划手册》(Earthscape：a Manual of Environmental Planning) 一书中，书中全面论述了生态要素分析方法、环境保护、生活质量提高，乃至于生态美学的内涵，从而把景观研究推向了"研究人类生存空间与视觉总体的高度"。

他秉承改善人居环境的宗旨参与到风景园林规划设计的实践中，并广为推广。在设计方法上则强调遵循自然的法则，一是从科学的角度，他发展了麦克哈格从生态学出发，综合多种自然学科所研究的科学利用与保护土地的方法，并著有一书进行详细的论述；二是从艺术的角度，从东方文明对自然的态度中汲取知识，强调利用基地原有的自然条件，把自然看作是风景园林艺术美的源泉。他将设计的科学性和艺术性结合起来，通过改良环境达到改良生活方式，直至人与自然的统一的高度。在实践中，创造性地提出了"绿道"和"蓝道"的概念,并在美国托里多市的滨水开放空间规划设计案例中成功运用。这些概念对于今天我们实施可持续发展的理念仍具有重要的启示。

7.3 城市设计的要素与类型

7.3.1 城市设计要素

在城市设计领域中,"城市中一切看到的东西,都是要素"。建筑、地段、广场、公园、环境设施、公共艺术、街道小品、植物配置等都是具体的考虑对象。作为城市设计的研究,其基本要素一般可以概括为以下几个方面:土地使用、建筑形态及其组合、开敞空间、步行街区、交通与停车、保护与改造、城市标志与小品、使用活动等。

1. 土地利用

土地使用决定了城市空间形成的二维基面,影响开发强度、交通流线,关系到城市的效率和环境质量。作为空间要素,考虑土地使用设计时要注意到:(1)土地的综合使用;(2)自然形体要素与生态环境保护;(3)基础设施建设的重要性。

2. 建筑形态及其组合

建筑及其在城市空间中的群体组合,直接影响着人们对城市空间环境的评价,尤其是对视觉这一感知途径。要注重建筑及其相关环境要素之间的有机联系。

3. 交通与停车

交通是城市的运动系统,是决定城市布局的要素之一,直接影响城市的形态和效率。停车属于静态交通,提供足够的同时又具有最小视觉干扰和最大便捷度的停车场位,是城市空间设计的重要保证。

4. 开敞空间

开敞空间指城市公共外部空间(不包括隶属于建筑物的院落),包括自然风景、硬质景观(如特色街道)、广场、公共绿地和休憩空间,可达性、环境品质及品味、与城市步行系统的有机联系等是影响开敞空间质量的重要因素。

5. 步行街区

步行系统包括步行商业街、林荫道、专用步行道等,人行步道是组织城市空间的重要元素。需要保障步行系统的安全、舒适和便捷。

6. 城市标志和小品

标志分为城市功能标志和商业广告两类。功能标志包括路牌、交通信号及各类指示牌等;商业广告是当今商品社会的产物。从城市设计角度来看,标志和小品基本是个视觉问题。二者均对城市视觉环境有显著影响。根据具体环境、规模、性质、文化习俗的不同综合考虑标志和小品的设计。

7. 保存与改造

城市保护是指城市中有经济价值和文化意义的人为环境保护，其中历史传统建筑与场所尤其值得重视。城市设计中首先应关注作为整体存在的形体环境和行为环境。

8. 使用活动

使用行为与城市空间相互依存，城市空间只有在功能、用途使用活动等的支持下才具有活力和意义。同样，人的活动也只有得到相应的空间支持才能得以顺利展开。空间与使用构成了城市空间设计的又一重要因素。

各个设计要素之间不是独立的，在进行城市设计时，要综合考虑各个要素的组织和联系，使之成为有机的整体。

7.3.2　城市设计实践类型

从城市设计实践方面来说，可以将城市设计大致分为三种类型：开发型、保存与更新型和社区型。

1. 开发型城市设计

此类城市设计是指城市中大面积的街区和建筑开发，建筑和交通设施的综合开发，城市中心开发建设及新城开发建设等大尺度的发展计划。其目的在于维护城市环境整体性的公共利益，提高市民生活的空间品质。通常由政府组织架构实施。例如，华盛顿中心区的城市设计、英国新城开发建设、上海浦东陆家嘴城市设计等，均属此类城市设计类型。

2. 保存与更新型城市设计

保存与更新型城市设计通常与具有历史文脉和场所意义的城市地段相关，强调城市物质环境建设的内涵和品质。根据城市不同地段所需要保护与更新的内容不同，又有历史街区、老工业区、棚户区等具体项目。不同项目存在的问题不同，保护更新的方式方法则不同。需要具体项目具体分析，因地制宜地解决问题。

3. 社区型城市设计

社区型城市设计主要指居住社区的城市设计。这类城市设计更注重人的生活要求，从居民的切身需求出发，营造良好的社区环境，进而实现社区的文化价值。

7.4　城市设计的内容与成果

7.4.1　总体规划阶段的城市设计

1. 总体城市设计的目标及原则

（1）总体城市设计是研究城市整体的风貌特色。对城市自身的历史、文化传统、资源条件和风土人情等风貌特色进行挖掘提炼，组织到城市发展策略上去，创造出鲜明的城市特色。

（2）宏观把握城市整体空间结构形态、竖向轮廓、视线走廊、开放空间等系统要素，对各类空间环境包括居住区、产业区、中心区等城市重点地区进行专项塑造，形成不同区域的环境特色。对建筑风格、色彩、环境小品等各类环境要素要提出整体控制要求。

（3）构筑城市整体社会文化氛围，全面关注市民活动，组织富有意义的行为场所体系，建立各个场所之间的有机联系，发挥场所系统的整体社会效益。

（4）研究城市设计的实施运作机制。

2. 总体城市设计的基础资料

（1）地形图

特大城市、大城市、中等城市地图比例宜采用1∶10000～1∶25000，小城市、镇的地图比例宜采用1∶2000～1∶5000。

（2）城市自然条件

自然条件包括城市气象、水文、地形地貌、自然资源等方面。

（3）城市历史资料

其包括城市历史沿革；具有意义的场所遗址的分布和评价；城市历史、军事、科技、文化、艺术等方面的显著成就，重要历史事件及其代表人物；历史文化名城的保护状况。

（4）城市空间环境与景观资料

城市结构和整体形态特征，各项用地的布局、容量、空间环境特征；城市现状具有特色的天际轮廓线及从历史和城市整体角度出发应恢复和重点突出的天际轮廓线；城市现状主要景观轴、景区、景点的分布及景观构成要素特征；反映城市文脉和特色的传统空间，如传统居住区、商业区、广场、步行街及其他历史街区的形态特征和保护、控制要求；城市建筑风格和城市色彩；城市园林绿地系统现状，景观绿地分布和使用情况；城市交通系统组织方式，步行空间、开放广场的分布；城市地下空间利用现状及开发潜力；城市基础设施布局；城市环境保护现状及治理对策。

（5）社会资料

城市人口构成及规模；城市中市民活动的类型、强度与场所特征；反映城市特色的社会文化生活资料；城市风俗民情。

（6）区域城市设计研究对城市景观环境的控制要求。

3. 总体城市设计主要内容

（1）城市风貌特色

城市风貌特色设计城市风格、建筑风格、自然环境、人文特色等方面，重点分析其资源特点，提出整体设计准则。

（2）城市景观

① 城市形态：根据自然环境特色及城市历史发展的沉淀，在现有规划的基础上，构筑城市空间形态特色。包括自然条件特征的运用；城市历史文化特色的保护与发展；

城市空间形态的意义处理。

② 城市轮廓：利用地形条件，处理好城市空间布局、建筑高度控制、景观轴线和视线组织等方面的关系，结合地形特征、建筑群与其他构筑物等方面内容，创造城市良好的天际轮廓线；布置好建筑高度分区，提出标志性建筑高度要求，对重要视线走廊范围内建筑高度、形式、色彩等的规划要求，提出重要标志物周围建筑高度、特色分区的控制原则；合理组织重要的景点、观景点和视线走廊，通过限制建筑物、构筑物的位置、高度、宽度、布置方式，保证城市景点的景观特色。

③ 城市建筑景观：在分析城市现状建筑景观综合水平的基础上，提出民用建筑、公共建筑和工业建筑在建筑风格、色彩、材质等方面的设计原则。

④ 城市标志系统：对标志物、标志性建筑和标志性城市空间环境等进行研究，提出标志系统的框架和主要内容。

（3）城市开放空间

① 城市公园绿地：对现有的公园绿地空间进行系统分析，从公共空间和场所意义角度进行评价，确定发展目标，结合城市性质和功能提出发展对策和控制引导措施。

② 城市广场：组织好城市中心广场，确定主要广场的性质、规模、尺度、场所意义特征。

③ 城市街道：整体街道空间的布局结构和功能组织；城市步行街、步行街区系统的组织；街道建筑物、构筑物、绿地等要素的景观效果。

（4）城市主要功能区环境

对城市居住区、中心区、历史文化保护区、旅游渡假区、产业区等主要功能区进行特色、风格和环境等方面的具体研究和引导。

4. 总体城市设计成果要求

（1）设计文本

总体城市设计成果文件包括文本和附件，说明书和基础资料收入附件。文本是依照各项设计导则提出的规定性要求的文件。说明书包括理论基础、研究方法、基础资料分析、环境质量评价、设计目标、设计原则、对策与设施等内容。基础资料包括城市自然环境、人文景观、人文活动等城市设计相关要素的系统调查成果。

（2）设计图纸

包括城市空间结构规划图、城市景观结构规划图、城市特色意向规划图、城市高度分区规划图等在内的城市各个系统的规划设计图；设计导则的配套分析说明图；重点区域形体设计方案示意。图纸比例一般与城市总体规划比例一致，宜为 1：5000～1：20000。

7.4.2　详细规划阶段城市设计

1. 详细规划阶段城市设计的主要任务

（1）以总体城市设计为依据，对重点地区在整体空间形态、景观环境特色及人的活动进行综合设计。

（2）重点对用地功能、街区空间形态、景观环境、道路交通、开敞空间等做出专项设计。

(3) 与城市分区规划、控制性详细规划紧密协调，形成规划管理依据。

2. 详细规划阶段城市设计的基础资料

(1) 地形图

特大城市、大城市、中等城市地图比例宜采用 1∶5000～1∶10000，小城市、镇的地图比例宜采用 1∶2000～1∶5000。根据设计范围的大小适当调整比例。

(2) 土地利用

规划地区的土地利用现状、规划功能分区；总体城市设计对规划地区的用地要求。

(3) 自然条件

规划地区的气象、水文、地形地貌、河湖水系、绿化植被等。

(4) 历史文化

规划地区的历史沿革、历史文化遗产保护等级、保护状况；重要历史事件、历史名人、文化传说；名木古树。

(5) 社会资料

规划地区人口现状及规划资料；经济发展现状及规划资料；传统民俗、民风民情等；市民活动主要类型、活动场所及环境行为特征等。

(6) 空间形态资料

规划地区的现状建筑空间总体形象、空间轮廓线；现状空间结构特点；现状建筑形态、建筑风格等；特色建筑群体空间等。

(7) 其他相关技术资料

道路交通现状及规划资料；市政基础设施现状及规划资料；对该区的建设项目、投资计划和实施步骤的规划设想。

3. 详细规划阶段城市设计的主要内容

(1) 总体形态特征

包括总体用地布局、功能分区、风貌特色。

(2) 空间结构分析

包括空间轴线、节点、特色区域的规划；城市广场、步行街、公园绿地等开放空间系统的规划；城市肌理、标志建筑等建筑形态设计。

(3) 交通组织

与城市总体交通系统的联系；道路交通网络与交通流线；静态交通和公共交通组织。

(4) 景观设计

延续总体城市设计的景观特征，确定景观轴线、边界、视廊、天际轮廓线的综合控制；提出开放空间中的城市广场、步行街、公园绿地的边界、形式、风貌、退让等设计要求；对城市街景立面的规划设计提出引导。

(5) 环境设计

根据地段内部环境特征，对绿化配置、整体铺装提出要求；对环境设施、照明设施、环境小品、无障碍设计提出总体设想和要求。

(6) 建筑控制

规划地区的用地强度、建筑高度分区；对建筑体量、退让、风格、色彩等内容提出设计要求。

详细规划阶段的城市设计任务是在总体城市设计框架的基础上，对城市重点片区、重点地段进行更为详细的设计。其中设计用地规模越大，越接近中观尺度的城市片区，通常包括总体形态特征、交通系统组织、重点地段设计、景观控制、实施开发等内容；反之，城市用地规模越小，越接近微观的城市地段，则成果的控制性特征越明显，精细程度加强，增加环境控制和建筑控制的内容。

4. 详细规划阶段城市设计成果要求

(1) 城市设计文本

对规划地区的城市设计内容做出相应的文字成果表述。核心成果部分可直接融入相应的法定规划，尤其是控制性详细规划的相应内容。城市设计过程的相关内容如现状调查、数据整理、设计过程等可采用附件或说明的方式附于其后。

(2) 城市设计图纸

主要包括功能分区规划图、交通组织规划图、开敞空间规划图、景观系统规划图、重点地段节点设计图等，图纸比例与相应的详细规划比例一致。

(3) 城市设计导则

以条文和图表的形式表达城市设计的目标与原则，体现城市设计的空间控制与相关要求。通常情况下，为了保障城市设计成果的事实，与控制性详细规划一同编制城市设计成果，并将设计导则的内容纳入到控规分图图则中，形成包括城市设计要求的控规图则。

第8章 城市典型空间规划设计

8.1 概述

城市空间是城市社会、经济、文化和环境的复合载体，城市空间系统也是城市规划的主要对象。根据城市空间的属性，从对当代城市规划及空间设计有实际意义的角度出发，可以将城市空间划分为城市功能空间、生态空间、社会空间和认知感知空间。实际上，这四种空间是密不可分的，城市功能空间和生态空间主要是以一种实体环境呈现出来的物质空间，社会空间和认知感知空间是社会过程的产物。

对任何城市空间系统而言，功能空间布局的合理性都起着基础性作用。城市功能空间的合理组织是城市空间系统有序变化的基础。城市的重要性很大程度上在于其功能作用的不断强化和发挥。城市土地的合理利用、城市各种物质要素及设施的合理分布、不同地域功能优化组合程度是城市功能空间组织合理性的重要体现。因此，城市功能空间的规划设计对城市规划实践具有特别重要的意义。

按照城市不同的功能分区，可分为中心区、住区、产业园区、历史文化保护区等空间类型，逐一探讨各类功能空间的规划设计要点就显得尤为重要。

8.2 中心区规划设计

城市中心区是城市功能的高度集聚区，也是城市空间的核心地区。在新型城镇化的背景下，我国城市空间发展经历了从以新区建设为主的扩张模式转向以城市更新为主的综合模式。通过研究城市中心区的形态、功能、土地利用、空间组织、道路交通等的特征来探讨中心区的规划设计要点。

8.2.1 城市中心区的概念、演变、功能与形态

1. 城市中心区的概念

城市中心区是城市的核心，是反映城市经济、社会、文化发展最为敏感的地区。它是城市空间结构的核心地区和城市功能的重要组成部分，是城市公共设施和服务业的集中地域，为城市集中提供公共活动和综合服务的空间，并在空间特征上区别于城市其他区域。

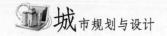

2. 中心区的历史演变

城市中心的功能是随着时代发展的。古代城市的中心往往以行政、宗教活动为主，附带有部分的商业活动，形成当时的市政中心。它的典型布局形式是由市政、宗教等建筑围成一个中心广场。如古希腊城市中的中心广场、中世纪欧洲城市中的广场等（见城市广场）。中国封建时代的城市，一般以当地的衙署及其前庭构成城市的行政中心，城市中的寺庙及其前庭则成为市民进行宗教和商业活动的公共中心。随着城市经济、社会活动的发展，大城市人口不断增加，在经历了中心区衰落、郊区化、中心区复兴之后，城市中心区功能日趋多样化、复杂化，现代城市需要有政治、经济、文化、金融、商业、信息、娱乐、体育和交通等各种活动的中心。国际性大城市的产生是经济全球化趋势的必然结果，它的一个主要特征是 CBD（中央商务区）的出现和发展。CBD 成为城市中心区的主要组成部分。进入 21 世纪以后，中心区功能大规模向外转移，城市结构从单中心向多中心转变，中心区的地域范围也随着城市规模的扩展而扩大，中心区内部的专业中心呈现出分化分层集聚的趋势，形成专业化程度较高的集聚区或集聚带。

3. 中心区的主要功能

城市中心区作为服务于城市的功能集聚区，不但有商务商业职能，还有用以支撑商务功能正常运行，保持活力的居住、交通等其他功能。一般情况下，中心区的功能主要有：

（1）生产性服务功能

生产性服务功能即商务功能，主要包括金融保险、贸易、总部与管理、房地产、文化产业、科技服务等类型。该项功能是体现城市在区域中经济地位的重要参照功能。

（2）生活服务功能

商业、服务等面向消费者的个人消费性服务功能，包括商业零售业、个人服务业等类型。

（3）社会服务功能

主要由政府提供的具有福利性质的社会服务，如卫生、教育、养老等设施。

（4）行政管理功能

政府行政管理部门办公功能。

（5）居住功能

为减少中心区的通勤交通，保持中心区活力而存在的具有居住功能的建筑。

4. 结构形态

从城市整体结构构成来看中心区，可以分为单中心和多中心两种形态。

（1）单中心形态

一般来说，集中型的中小城市是单中心模式，城市主要的商业、商务、公共活动都相对集中在城市中心。一些综合性大城市的城市中心由于城市整体用地形态紧凑也属于这种类型，这类城市中心一般是多功能性的，既有发达的商业服务业设施，也有相对发达的商务办公、文化娱乐等设施，形成相对完整的城市中心体系。

（2）多中心形态

城市发展到一定阶段，当原有的城市中心规模到达承载极限时，就会发展出新的城市中心。特别是国际性大都市，由于规模大、功能复杂，常采用多中心结构。有些城市由于地形条件的限制只能分散式发展，如一些带型、组团型的城市，在各个组团内会形成各自的中心。一些历史文化城市，为了保护古城区，在老城外面建设新城，从而形成多中心的布局。图 8-1 为城市中心的区位特征。

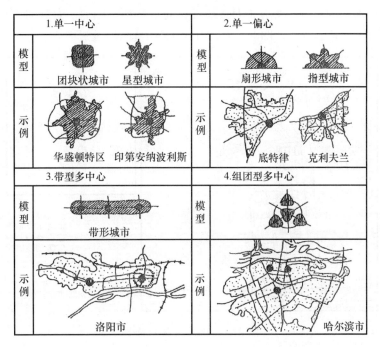

图 8-1　城市中心的区位特征

8.2.2　中心区空间组织要点

1. 功能配置

功能配置是中心区首先要解决的问题，需要从各个角度进行分析。一是通过对上位规划的解读，总结功能定位、设施配置、建设条件等要求；二是综合考虑中心区的区位条件和与周边地区的功能协调，确定合理的公共服务设施类型和规模。

2. 用地组织

在用地组织上主要有以下几方面内容：一是根据上一阶段的功能策划和具体的空间特征，合理组织安排具体的功能和业态，一般在用地上细化至土地利用分类中的小类；二是对用地的具体指标作出规定，如容积率、建筑密度、绿化率等控制性指标；三是对建筑退让、机动车出入口、交通组织等相关建造行为进行控制，以保证用地组织的合理性。

3. 空间组织

空间组织是中心区规划的重要内容之一，一方面要求与城市整体空间结构结合，融入到城市整体空间环境中去；另一方面需要结合自身特点，选择相应功能的用地区位，组织空间布局，突出环境特色。

一般来说，需要对城市整体空间要素，如城市山水、轴线、廊道、开敞空间等进行分析，中心区的城市设计对以上空间要素做出回应。中心区内部的空间组织则包括建筑形态、交通组织、开敞空间系统等内容。中心区较为常见的有四种空间结构方式，分别是轴线式、对称式、组团式和放射式。各种模式有各自的特点，也可根据具体的用地条件进行灵活的组合。图 8-2 为轴线式布局示意图，图 8-3 为对称式布局示意图，图 8-4 为组团式布局示意图，图 8-5 为放射式布局示意图。

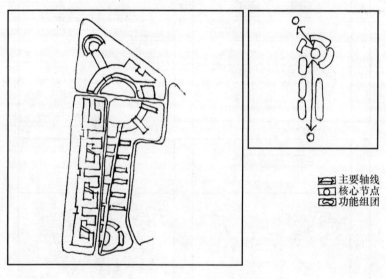

图 8-2　轴线式布局示意图

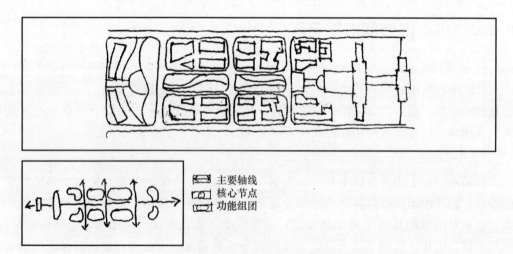

图 8-3　对称式布局示意图

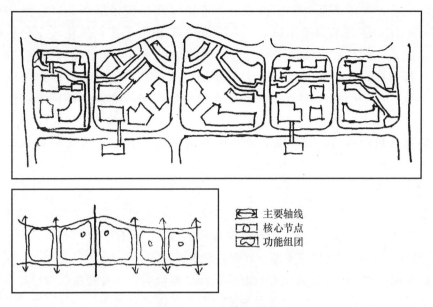

图 8-4　组团式布局示意图

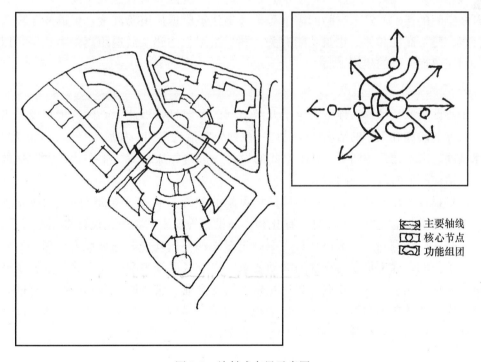

图 8-5　放射式布局示意图

4. 道路交通

　　道路交通空间是城市空间的骨架空间，不仅为城市其他空间提供交通服务，而且也是空间形态特色的重要载体。一般来说，由于中心区的人流量较大，中心区的交通组织可以考虑使用快速交通输配的方式围绕中心区建立快速交通系统，中心区内部形成以公共交通和步行交通为主的系统。

现代交通方式和交通组织比较复杂，道路空间组织依据中心区规模和用地形态，设置不同功能和级别的道路，尽量避免人车相互干扰，强化人车分行的设计理念。道路的空间尺度应考虑道路上人们活动空间的需求和道路两侧建筑的尺度。中心区的步行道路，不仅有疏散人流的作用，更是典型的开敞空间，可以利用地面步行道或二层步行通廊的方式，满足人们休憩、漫步和观景的需要，创作高品质的空间场所。中心区车流量较大，根据公共活动的需求考虑停车空间。一般情况下可以结合道路路边、建筑物地下空间配置停车空间，也可单独设置社会性停车场。

5. 建筑形态

建筑空间是城市空间形态的重要构成要素。在城市设计中，建筑形态需考虑两个方面，一个是建筑本身的形态，包括建筑高度、体量、风格、色彩等；另一个是建筑与周边空间的关系，包括建筑密度、界面、建筑退让等。

一般来说，中心区占据城市中较好的区位，地价高，开发强度较大，高层建筑集中；建筑体量则根据不同建筑的业态和使用方式予以综合考虑，建筑风格需考虑与周边环境相协调，能够融入城市环境中。影响建筑密度的要素有建筑功能、对环境和公共开敞空间的需求、停车空间的需求等；邻街建筑应退后道路红线，后退的距离与道路等级、建筑高度和邻街建筑功能有关；同一道路上的建筑后退距离相对统一，以形成相对完整而连续的建筑界面。

6. 开敞空间

中心区公共活动的高强度决定了开敞空间的重要性，因此中心区的规划设计需要根据具体的功能和人们的活动内容设计一系列公共活动空间，如城市广场、公园绿地、滨水空间、公共建筑空间等。开敞空间的设计一般遵循人性化、生态化、主题化的原则，以适应不同时段活动的需求。

广场设计根据不同功能进行不同广场设施的配置，丰富广场的空间层次满足多样化的活动需求，通过铺装、水体、绿化和小品设施等要素的精细化设计来创造舒适的、感知度高的广场空间。绿地设计首先要确定绿地的使用功能，划分尺度合理、不同作用的绿地空间，以满足不同人群的活动要求。中心区的滨水空间大部分是复合了开敞空间和其他功能空间（如商业、文化娱乐、创意产业、旅游服务等）的综合空间，需注意滨水岸线的合理利用和滨水特色景观的塑造，尽量让更多的人分享滨水空间。另外滨水地区的设计尽量避免过度人工化，保持水系的生态功能。

8.3　住区规划设计

居住用地是城市中占比例较大的用地，住区是居民日常生活时间最长的居住空间，需要精心地设计，满足居住的空间需求、健康需求、交往需求和心理归属需求。

8.3.1　住区规划设计原则

（1）符合城市总体规划和上位控制性详细规划的要求

住区是城市的重要功能性空间，必须根据城市总体规划和上位控规的要求，从城市整体布局出发，考虑住区具体的规划设计，统一规划，合理布局，因地制宜，综合开发，配套建设。住区定位契合城市整体功能，住区交通与城市道路交通体系有很好地衔接，公共设施配置与周边用地的配套合理。

（2）契合城市社会经济条件和自然条件

住区规划是在一定的规划用地范围内进行的，对各种规划要素的确定均与所在城市的特点、所处建筑气候分区、用地范围的自然条件和社会经济发展水平有关，进行规划设计时应充分考虑、利用和强化已有的特点和条件。

（3）创造安全、卫生、舒适、优美的居住环境

研究居民的行为特征和活动要求，综合考虑日照、采光、通风、防灾、配套设施要求，创造安全、卫生、舒适、优美的居住环境。为老年人和残疾人等弱势群体提供适宜的居住、养老、护理、交往游憩等空间场所和无障碍环境。

（4）实现与自然环境和谐发展的绿色人居环境

住区规划应充分尊重自然环境，倡导资源保护，最大限度延续原有的自然生态环境。实现步行友好、公交导向的土地利用，从细节做起，倡导低碳生活方式。多利用清洁能源，采用碳含量少的材料，实现人与自然真正和谐的人居环境。

8.3.2　住区规划设计要点

1. 用地功能组织

住区是一个多要素、多层次的城市空间载体，其功能主要以住宅功能为主，同时还兼具各类公共设施、交通和休憩等功能。因此，住区用地主要包括住宅用地、公共设施用地、道路交通用地、公共绿地等。这些功能之间既要有机联系，保持结构的完整性，又要有所区分，通过绿化和道路形成各层级相对独立的活动区域。

住宅用地应考虑居住生活的私密性，避免与城市主要干道和大型功能设施用地毗邻，用地划分需考虑居住组团的规模和等级。公共设施用地包括小学、幼儿园、会所和配套商业设施，根据各自的使用特点，灵活配置。公共绿地结合整体规划结构设置，突出不同等级和核心空间。

2. 空间组织

住区的空间结构主要体现在围绕住区中心形成小区、组团、院落等居住层次的空间结构上。规划设计时，首先需建立明细的空间结构，形成层级清晰、结构紧凑的空间布局。一般来说，住区空间结构包括两种类型，一种是小区、组团和院落组成的三级结构；另一种是街坊和院落组成的两级结构。可以根据具体的用地条件和规模选择合适的结构。其次突出各层级核心空间，每个居住层级都有相应的核心空间，需明确核心空间与各级中心之间的空间联系。再次突出住区主要轴线，可利用步行空间将出

入口与核心空间串联，形成明确的公共活动空间。图 8-6 为组团式空间结构模式示意，图 8-7 为院落式空间结构模式示意，图 8-8 为轴线式空间结构模式示意，图 8-9 为点板式空间结构模式示意。

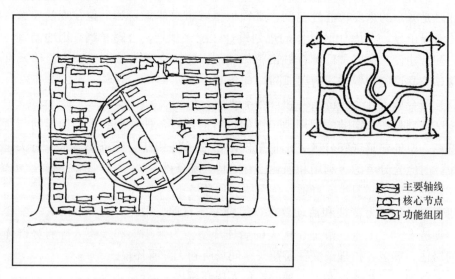

主要轴线
核心节点
功能组团

图 8-6　组团式空间结构模式示意

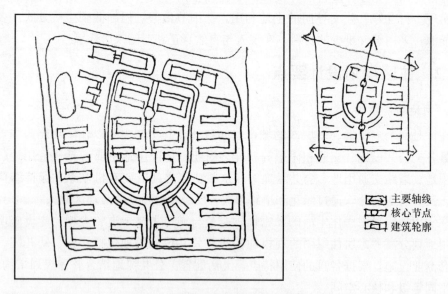

主要轴线
核心节点
建筑轮廓

图 8-7　院落式空间结构模式示意

3. 道路交通

住区的道路交通规划包括三方面内容：一是道路等级，住区的道路等级通常有居住区级、小区级、组团级和宅前小路四级，根据具体的用地规模和地形条件来确定需要规划几个等级的道路；二是人行和车行关系结构，一般有人车分行、人车混行和人车部分混行三种关系形式，在人车分形的交通组织体系中，人行交通和车行交通各自独立，互补干扰；在人车混行的交通体系组织中，通过道路断面的设计解决好人与车

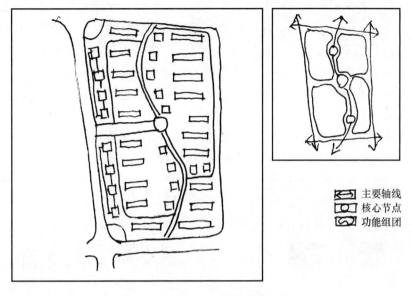

图 8-8　轴线式空间结构模式示意

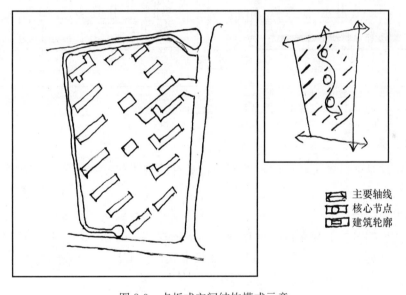

图 8-9　点板式空间结构模式示意

的关系，保证步行交通的连续性和安全性；三是道路形式，基本有规则式和自由式两种，道路形式与住区结构、景观联系、活动组织都有关系，需根据具体的住区设计理念进行合理组织。

4. 公共设施

住区公共服务设施是社区生活质量的保障，虽然占地不多，但必不可少，需要进行精心合理的安排。最新修订出版的《城市居住区规划设计规范》（GB 50180—1993）（2016 年修订版）中将居住区公共服务设施（即公建配套）分为教育、医疗卫生、文化体育、商业服务、金融邮电、社区服务、市政公用和行政管理及其他八类设施，并指出配套公建的配套水平需与居住人口规模相对应。配建水平主要体现在配套项目及其面积指标两个方面。除了根据上述《城市居住区规划设计规范》中规定的分级配建表确定配建项目和千人指标测算其规模面积之外，还需考虑住区的定位和其所在城市的社会经济发展水平进行适当调整。公共设施的布局根据不同项目的使用性质和住区整体的规划布局，采用相对集中与适当分散相结合的方式进行合理布局，符合不同层级公共设施的服务半径要求，满足交通方便和安全等要求。通常商业设施、金融邮电和文体设施宜集中布置，形成各级的公共活动中心。集中布置可以形成规模效应，吸引更多人流，利于持续经营。常见的公建布局模式如图8-10所示。

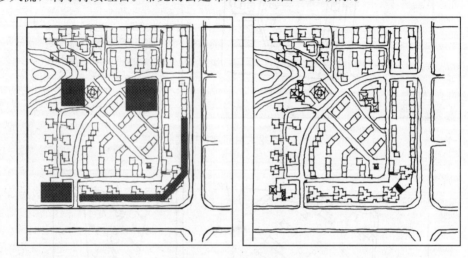

图8-10 公建布局模式示意

5. 绿化景观

住区绿地是衡量居住环境的重要因素，具有改善小气候和生态环境的作用，还为居民提供良好的户外活动空间。住区绿地包括公共绿地、宅旁绿地、配套功能建筑所属绿地和道路绿地，形成适应不同规模住区合理的绿地层次。规划时还应考虑住区内部与周边环境的关系，考虑自然地形地貌，从景观结构的连续性和整体性出发，形成绿地网络。常见的形式有集中＋分散、带状串联、楔形渗透、绿带网络等多种形式，根据具体的住区空间布局进行合理的组织。

8.4 城市历史遗产文化保护与规划设计

历史城市具有悠久的历史和光辉的文化，保存着大量的历史文化遗产，是珍贵的、不可再生的文化资源。历史文化遗产是社会发展的见证，是塑造城市特色的基础，是城市永续发展的需要，保护城市遗产就是保护城市的文化记忆。随着经济全球化和现代化进程的加快，我国的文化生态正在发生巨大变化，文化遗产及其生存环境受到威胁。在充分认识到保护文化遗产的重要性之后，保护好文化遗产就显得格外重要。

8.4.1　历史文化遗产基本要素

2005 年国务院在发布的《关于加强文化遗产保护的通知》中指出："文化遗产包括物质文化遗产和非物质文化遗产。物质文化遗产是具有历史、艺术和科学价值的文物，包括古遗址、古建筑、历史文化名城（街区、村镇）等不可移动的文物；非物质文化遗产是指各种以非物质形态存在的与群众生活密切相关、世代相传的传统文化形式，包括表演艺术、民俗活动、节庆礼仪、传统手工艺技能等。"从城市规划需要保护的范围大小来分析，历史文化遗产的基本要素主要由以下几个层次构成：

1. 文物古迹

（1）文物建筑

即文物保护单位，是城市历史文化遗产中重要的组成部分，在我国是由国家和各级城市政府部门批准，列入保护名录的各级法定保护建筑。可分三类：由国家文物局确定的为"全国重点文物保护单位"；由省级政府文化部分确定的为"省级重点文物保护单位"；由市、县文化部门确定的为"市级重点文物保护单位"和"县级重点文物保护单位"。文化建筑包括以下几类：具有重大历史和艺术价值的古建筑；与重大历史事件或重要历史人物有联系的历史建筑或纪念建筑；具有各种文化意义或在城市发展中具有重大意义的建筑物或构筑物。

（2）历史建筑

指具有一定的历史、艺术和科学价值，但尚未纳入文物保护单位的历史建筑。这类历史建筑需要细致研究和评定，具体而言，主要以是否对保持城市空间景观的连续性和逻辑性，是否具有潜在的历史、文化、建筑、艺术等方面的价值为目标进行评定。例如北京四合院、上海里弄建筑、苏州古民居等。

（3）古文化遗址

指能够见证某种文明、某种有意义的发展或历史事件的人文景观，包括地面和地下的古遗址、古墓葬、石窟等。如雅典卫城、罗马市中心等。

2. 历史街区

历史街区是指文物古迹比较集中，或能较完整地体现出某一历史时期传统风貌和民族地方特色的街区，我国最早是在 1985 年首次提出的。具体由街区内的文物古迹、历史建筑与相应的自然、人文环境等物质要素和人的文化活动、记忆、场所等丰富的精神要素共同构成。主要有历史文化街区、历史风貌区和其他具有价值的历史地段。

（1）历史文化街区

是指保存文物特别丰富，历史建筑集中成片，能够较完整和真实地体现传统格局和历史风貌，并具有一定规模的区域。《历史文化名城保护规划规范》（2005 年）规定了历史文化街区需要具备的条件：一是有较完整的历史风貌；二是构成历史风貌的历史建筑和历史环境要素基本上是历史留存的原物；三是历史文化街区用地面积不小于 1 公顷；四是历史文化街区内历史古迹和历史建筑的用地面积宜达到建筑总用地的 60% 以上。

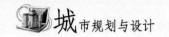

（2）历史风貌区

与历史文化街区相比，历史风貌区不是法定概念，没有统一的定义。通常是指那些虽然达不到历史文化街区的标准，但历史遗存较为丰富，建筑样式、空间格局和街巷景观能体现某一历史时期传统风貌和民族地方特色的街区。具体进行规划设计时，可根据历史文化街区的条件进行确定，但要求可适当灵活。

（3）一般历史地段

一般历史地段是指保存一定数量的历史遗存、历史建筑和文物古迹，具有一定规模且能较为完整、真实地反映传统历史风貌和地方特色的地区。同历史风貌区一样，参考历史文化街区的条件进行灵活把握，根据历史地段的具体情况，采取多样化的保护方法。

3. 历史文化名城

《文物保护法》中将历史文化名城定义为："保存文物特别丰富，具有重大历史价值和革命意义的城市"。"历史文化名城"这一概念是作为我国对文化遗产传承方式和政府的保护策略而提出来的。从法律角度来讲，"历史文化名城"是国家确认的、具有法定保护意义的历史城市；从保护角度上来讲，是需要建立完整的历史文化保护体系，将"保护"主题纳入城市建设的每一个过程中；从政策角度上来讲，必须从城市总体规划中制订专项保护规划，从政府制订的经济、法律、行政政策中体现城市文化遗产的保护精神。

对于历史文化名城，应将建筑、城市与其自然环境作为一个整体加以保护，其中历史城市的空间格局和外围环境保护是城市整体景观环境的保护重点。

8.4.2 保护规划的内容与方法

根据物质文化遗产构成的层次，对应不同层面的保护规划。对历史文化名城的保护规划属于总体规划层面上的，对历史文化街区、文物保护单位和历史建筑则属于详细规划层面上的。不同的保护规划，内容和方法各有侧重点，以下将分别进行详细论述。

1. 总体规划层面的保护规划

作为历史性城市，拥有悠久的历史文化传统和丰富的古迹遗存是它们的共同特征。但由于各个历史城市在城市性质、规模和社会经济条件等方面的差异，每个城市表现不同。对于中小城市，特别是小城市，其城市功能较为单一，历史文化名城作为其主要特色而存在；对于大城市和特大城市而言，其城市性质往往是综合性的，历史文化名城的职能只是其中之一。此种情况下，如何确定古城性质、如何选择正确的空间发展模式，制订合理的总体布局尤为重要。

根据《历史文化名城保护规划规范》（GB 50357—2005）中所指出的，编制历史文化名城保护规划应根据历史文化名城、历史文化街区、文物保护单位和历史建筑的三个保护层次确定保护方法框架。从总体层面上提出保护规划要求，包括城市发展方向、山川形胜、布局结构、城市风貌、道路交通、基础设施等总体布局方面的内容，协调新区与历史城区的关系。提出历史城区的传统格局和历史风貌的保护延续，历史街巷和视线通廊的保护控制，建筑高度和开发强度的控制等规划要求。从中可以分析出以下几个要点：

（1）城市总体布局和空间发展模式

在城市化的过程中，城市经济发展成为城市发展的主要动力。对于历史文化名城来说，在发展过程中同时保留不同时代的历史遗存，才是真正的发展。因此从城市总体发展策略和城市总体规划空间布局的层面，研究确定保护与发展的关系，并合理地落实到城市建设与发展的总体布局中，是保护城市历史环境、延续历史城市活力的重要环节。总结起来，在城市空间层面处理保护与发展关系的方式主要有两种，一是开辟新区，保护古城；二是新城与古城相融并存发展。

开辟新区是当前协调保护与发展的一种最常用的空间布局方式，如洛阳新区、苏州工业园区、云南丽江西部新区及法国德芳斯新区等，都属于这种模式的典范。这种方式有利于缓解古城功能的过分重叠，减少对历史城区环境的影响；有利于疏解古城人口，改善古城居民的居住环境条件；有利于缓解交通压力，避免古城以拓宽道路来解决交通问题，保持古城的空间尺度。

将新的建筑形态融入古城空间格局中，以求整个城市在形态和功能的新旧中交替发展，是新旧城区并存发展的一种策略。如北京老城区、德国慕尼黑等属于此种范例。这里的发展策略需要考虑在保持城市肌理的连续性和逻辑性的前提下，介入新的城市功能和要素。这种模式不仅有利于保持城市空间发展的整体性，而且有利于城市内部机能的协调发展，保持古城的活力。

（2）历史城区及其周边环境的整体保护与控制

历史城区及其周边环境是城市特征和文化形成及发展的基础，保持自然与城市之间的协调关系，对保护城市文化遗产并使其在发展中的继续生存具有重要意义，因此应尽量保留历史城市的山水地理格局。它们包括山体、水域、植被、自然村落等，使自然风光与文化特色交相辉映，使城市天际轮廓线与山水景观融为一体。

历史城市的自然环境格局包括古城及其周边特有的地形地貌、山体、水系等自然环境要素和相互之间的空间关系。应保护和展示城市自然轮廓线和景观界面，严禁建设性破坏。应注重历史城市原有空间形态的整体保护和风貌特征的统一协调，保护古城特有的街巷布局、视线通廊、城墙城郭、园林绿化和开敞空间体系。

（3）城市道路交通组织

① 对外交通组织

对外交通是处理历史城市与其他城镇、城市郊区之间联系的通道，火车和汽车是主要的对外交通方式，因此处理好铁路、公路交通线路和站点的布局和选址；主次干道与过境公路的联系；大型立交和高架路的架设和古城交通量的控制。

② 城区内部道路组织

作为城市传统历史格局的主要构成要素，历史上形成的道路网对城市空间形态有着重要作用，对历史文化名城的保护具有特殊意义。由于历史城区是基于步行方式基础上的城市空间，对传统街道进行保护、更新和改造就是一个很大的难题。因此对历史城区应考虑采取以下措施：适当限制车行交通；发展包括公交、地铁、轻轨在内的公共交通体系，以减少小汽车的数量；古城内的道路尽量不拓宽，不改变已有的道路骨架；用单行、限行或开设步行街区的方式组织交通；古城内设置特殊的交通管制政策。

（4）建筑高度与视廊控制

建筑高度控制规划是保护规划的重要内容，也是保护名城风貌的重要措施。控制建筑高度和空间轮廓线有利于保持名城的景观特征。主要有以下几个方面：

① 历史城区内部根据名城现状的具体情况和保护范围的空间轮廓，确定建筑高度分区；通过以观景点可视范围的视线分析为依据，保障历史景观的视线走廊通视的要求，划出相应的建筑高度控制区，以此确定视线通廊内的建筑高度控制规定。

② 在保护区外有时也需要有高度控制的要求，是保护名城整体环境景观的需要。有的是考虑眺望点之间的视线通廊的要求，有的是保证景观节点通视的需要；有的是为了保持城市与城外山体等自然景观之间的联系，避免造成原有优美的传统风貌或天际轮廓线的破坏。

2. 详细规划层面的保护规划

根据《历史文化名城名镇名村保护规划编制要求》中所指出的，历史文化街区保护规划应按详细规划深度要求，划定保护界线并分别提出建（构）筑物和历史环境要素维修、改善与整治的规定，调整用地性质，制订建筑高度控制规定，进行重要节点的整治规划设计，拟定实施管理措施。历史文化街区增建设施的外观、绿化布局与植物配置应符合历史风貌的要求。历史文化街区保护规划应包括改善居民生活环境、保持街区活力的内容。位于历史文化街区外的历史建筑群，应依照历史文化街区的保护要求进行管理。从中可以分析出以下几个要点：

（1）保护范围的划定与保护要求

① 历史文化街区保护范围的划定

按照《历史文化名城保护规划规范》中 4.2.1 条的规定，划定历史文化街区的保护范围，一般包括文物古迹或历史建筑的现状用地边界；在街道、广场、河流等处视线所及范围内的建筑物用地边界或外观界面；构成历史风貌的自然景观边界。保护范围的划定兼顾两个方面的要求，一是历史文化街区内是建设行为受到限制的地区，也是实施环境整治特别政策的范围，因此范围不宜过大；二是历史文化街区要求有相对的风貌完整性，能具备相对完整的社会结构体系，因此范围又不宜过大。根据实际需要，可以在历史文化街区外围划定环境协调区。

按照《历史文化名城保护规划规范》的要求，对历史文化街区保护范围内的建筑物、构筑物进行分类保护，分别采取修缮、改善、整治和更新等措施。历史文化街区外围划定环境协调区按照《城市紫线管理办法》管理控制，需要严格控制的内容：用地和建筑性质，建筑高度、体量、色彩及风格，绿化环境及周边重要地形地貌等。

② 文物保护单位保护范围的划定

根据《文物保护法实施条例》中第九条规定，文物保护单位的保护范围，应当根据文物保护单位的类别、规模、内容以及周围环境的历史和现实情况合理划定，并在文物保护单位本体之外保持一定的安全距离，确保文物保护单位的真实性和完整性。在文物保护单位的外围，划定建筑控制地带，以保证文保单位与周围环境的协调。

对文物保护单位的保护范围内，一切修缮和新建行为均严格按照《文物保护法实施条例》中规定的执行；建设控制地带要严格控制以下内容：用地和建筑性质，建筑高度、体量、色彩及风格，绿化环境及周边重要地形地貌等。

（2）保护与整治方式的确定

历史街区及其环境协调区的传统风貌保护不仅仅是对文物建筑的保护，更重要的是对文物建筑周边环境及其整个历史地段的传统风貌、空间环境和人文环境的保护，包括街坊肌理、街巷空间、空间形态、道路交通组织、步行系统组织、绿化水系空间组织等等，形成整体的保护体系，并依此确定保护与整治的方式。

① 保护：对保护项目及其环境进行科学的调查、勘测、鉴定、登录、修缮、维修、改善等活动。

② 修缮：对文物古迹的保护方式，包括日常保养、防护加固、现状修整、重点修复等。

③ 维修：对历史建筑和历史环境要素所进行的不改变外观特征的加固和保护性复原活动。

④ 改善：对历史建筑所进行的不改变外观特征，调整、完善内部布局及设施的建设活动。

⑤ 整修：对与历史风貌有冲突的建（构）筑物和环境因素进行的改建活动。

⑥ 整治：为体现历史文化名城和历史文化街区风貌完整性所进行的各项治理活动。

历史文化街区内的历史建筑不得拆除；历史文化街区内构成历史风貌的环境要素保护方式应为修缮、维修；历史文化街区内与历史风貌相冲突的环境要素整治方式应为整修、改造；历史文化街区外的历史建筑群的保护方式应为维修、改善。

（3）道路交通组织

从道路系统交通组织上，历史街区内应避免大量机动车交通穿越，以满足自行车和步行交通为主；不应设置大型停车场和广场，不应设置高架道路、立交桥、高架轨道、客货运枢纽、公交场站等交通设施，禁设加油站；特殊情况下，车行交通、车辆停放、交通换乘点等可以放在保护区以外解决，不进入内部；历史街区内部道路的断面、宽度、线型、消防通道的设置等均应考虑历史风貌的要求。

（4）城市设计控制引导

运用城市设计的方法，针对历史街区保护规划的具体情况进行方案构思和精细化设计，并转化成设计导则，从空间环境和建筑环境两个层面提出设计建议。主要有以下内容：

① 空间环境

街巷肌理：保护历史街区的整体肌理，新建区域应采用传统街巷形式，尽量减少与传统肌理的冲突。

景观轴线、节点：保留原有的景观轴线，对于景观节点根据具体空间关系进行深入分析，来确定设计地标建筑或开放空间等项目。

空间界面：针对景观轴线和节点的重要性，需要对其周边或沿线建筑物围合界面的围合程度和风貌特征提出控制引导。

景观小品：对历史街区的街巷环境要素（铺地、垃圾箱、广告牌、井盖等）、广场和绿地环境要素（铺地、绿化、小品等）、庭院环境要素（铺地、庭院小品等）等提出规划设计引导要求。

② 建筑风貌

建筑组合形式：依据现有历史建筑的空间组织特征进行分析，从而提出建筑平面组织形式上的引导模式。

建筑材质：对传统建筑进行建筑材质的取样、汇总，规定新建建筑应以当地传统建筑材料为主。

建筑色彩：历史街区中建筑色彩的运用应遵循"统一中求变化"的原则，根据建筑功能、材料和环境进行设计来实现。

8.5 城市更新改建规划与设计

城市更新是一个将城市中已经不适应现代化城市社会生活的地区作必要的、有计划的改造重建过程。随着城市化进程的加速，我国城市经历了改革开放三十年以来市场经济体制下的跨越式发展，大规模建设和快速扩张的城市化进程已成为历史，当前中国城市发展进入新阶段，面临由"增量时代"向"存量时代"、由"数量时代"向"质量时代"的双重转变。这也标志着我国城市建设进入到以城市更新改造为主的阶段。

国务院、国土资源部于 2013—2014 年相继颁布了《国务院关于加快棚户区改造工作的意见》（国发〔2013〕25 号）、《国务院办公厅关于进一步加强棚户区改造工作的通知》（国办发〔2014〕36 号）、《国土资源部关于印发开展城镇低效用地再开发试点指导意见的通知》（国土资发〔2013〕3 号）等文件，将棚户区改造、"三旧"改造等城市更新工作作为经济结构调整的重大发展工程、改善人居条件的重大民生工程。由此可见，城市更新工作将成为国家经济发展的新动力，是一项涉及城市社会、经济与物质环境等诸多方面的复杂工程，对城市可持续发展、城市社会和谐发展及环境品质提升具有重要作用。

8.5.1 城市更新改建规划解析

1. 城市更新改建的基本含义

城市更新改建可以被理解为一个地区扭转经济、社会和物质衰退的完整过程。作为自我调节机制存在于城市发展之中，通过结构与功能地不断调节，增强城市整体机能，使城市能不断适应未来社会和经济的发展需求，建立起一种新的动态平衡。

城市更新的概念起源于西方，是西方国家为了应对城市发展中所出现的问题而提出的一系列解决方案。在现代案例中，城市更新主要开始于 19 世纪，并在 1940 年代以城市重建的方式达到高潮。二战后，城市更新改建更是涉及城市重建、城市振兴、城市复苏、城市再生、城市复兴等多种方式，总体上主要是面向提高城市功能、调整城市结构、改善城市环境、更新物质设施、增强城市活力、推进社会进步等长远的全局性目标。

2. 中国旧城更新改建发展概况

我国的城市更新改建从 1970 年代末经济改革初期开始至今，是历史、经济和体制力量多重交织、相互作用的结果。在建国后第一个 5 年计划中已经明确指出了，要把旧城改建工作看作是长期的过程，是逐步零星个别的改建工作的积累。新世纪之前，城市更新的任务是整治和改善旧城区道路和市政设施系统，使旧城区适应现代化城市交通和各项现代城市基础设施的需要。随着我国的大规模建设和快速城市化阶段的基本结束，城市发展的主要方面也将转向城市更新发展和建筑文化遗产保护等方面。在城市中建造城市，而不是拆除旧区或者使居民迁徙至郊区。在全球化趋势和 21 世纪强调地方性发展的背景下，中国城市更新面临的一个迫切问题是如何调整与重组先前计划经济体制下形成的城市空间，以适应新趋势与新发展的需求。

3. 城市更新改建的内涵

（1）新旧动能转换

城市原有功能衰退亟待更新换代，集中表现在科技走进都市、创意经济兴起以及服务经济和新商圈的崛起。

（2）存量资源盘活

房地产业快速扩张，大量商业、办公物业空置且经营惨淡，库存压力大，利用不合理，需要注入新的内容。

（3）生态环境营造

城市的可持续发展，要求城市经济发展与资源环境相匹配；人们的生态宜居需求，要求城市生态环境条件的改善。

（4）人文环境提升

在城市发展中，人文环境、艺术气息、文化活动、审美教育等作用越来越明显。存量时代，城市环境品质的文化提升已刻不容缓。

8.5.2　城市更新改建理念

1. 从旧城改造到有机更新

从开发内容上来看，城市更新已经摆脱了以旧城改造为目标的大拆大建，而向着城市有机更新的方向转变。它将城市认同为一个生命体，城市的生命在于不断更新并迸发活力，会在自身的发展过程中逐渐完成自身的新陈代谢过程，而不接受任何外界的强制性干预。城市有机更新涉及长期性、复杂性，是多方利益互相博弈的过程。

同时，城市更新的行为在满足当前需求的同时，也必须面向未来。通过设计和创新，应该为地区探索可行的和有意义的未来发展模式。长期的利益相关者，也就是对这个地区有着长期兴趣的人，应该全部参与进城市更新决策的制订中来，并在不同的

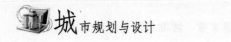

方案中做出决定。这是引导一个成功城市更新方案的公共决策的基础。

2. 从大规模建设到城市针灸

从开发规模上来看，更新是持续不断的，但也应是小规模渐进式的，而不应是大规模、断裂式的，同时城市应该采取"针灸"的手法，逐渐对城市的弊病进行修缮。目前提出的城市双修的理念，就是对城市更新改造提出的具体措施。通过功能修补与生态修复，在城市近人尺度的空间进行必要的功能性、便利性补缺，使之成为具有完全城镇功能特别是城镇服务功能的城镇市区。同时，城市"微更新"的模式提高了建设行为的精致度，在城镇规划建设工作中加强精细化规划、精细化设计、精细化建设和精细化管理，探索适应这种精细化管理的法律和制度。加强旨在提升城市公共空间品质的规划建设管理，特别是针对无建设行为或少建设行为情况下的城市精细化管理。

3. 从单一维度到综合维度

从开发维度上来看，应该从单一维度（例如经济）的更新向多维度（经济、社会、文化、生态等）的更新方向转变。在参与机制上，城市更新的成功有赖于建立一个真正有效的城市更新管治模式，既要有一个包容的、开放的决策体系；一个多方参与、凝聚共识的决策过程，一个协调的、合作的实施机制，又是一个多方利益参与协商调和的制度。建立更多公众参与的渠道，更多的自下而上与自上而下结合，而非单一主体（例如，政府或者开发商）的主导。

4. 从地产层面到文化层面

从开发导向上来看，以地产和商业开发为主的城市更新将逐渐会被以文化为导向的城市更新模式取代。城市更新更加关注城市的文化层面。城市改造的方向已从"拆、改、留"变为"留、改、拆"，进一步加大城市历史文化风貌的保护力度，特别是传统建筑、工业文化遗产的保护和成片历史文化风貌的保护。在世界范围内，1980年代中期文化导向的更新方法已经成为主流。文化可以作为经济增长的推进剂，越来越成为城市寻求竞争地位的新正统观念。在未来，文化将在城市经济发展与提升全球竞争力、促进社区融合以及提高城市形象方面起到愈加重要的作用。

8.5.3 城市更新改建规划的类型与策略

目前，我国城市更新改建工作主要涉及四种类型，分别是棚户区更新、历史文化街区更新、老工业区更新和城市公共空间更新。每种类型的更新涉及不同群体的利益，各自有不同的问题，需要区别对待。

1. 棚户区更新

棚户区更新改造的主要对象包括城市中心的老居住区、城中村、工矿居民点等，这些地区通常存在布局零散、建筑老化、环境较差、居民收入低、人员复杂、管理难度大等问题。

棚户区更新改造的核心问题是拆迁安置问题，拆迁成本高，拆迁安置难。需要针对具体案例在改造强度、改造主体、用地调整方案以及居民安置办法等方面提出具体、切实可行的措施。

因此针对不同地区的不同实际情况，应该因地制宜地制订具有地域特征适应性的改造模式。发达地区的棚户区改造，建议采用多方合作机制，对整个棚户区进行统一规划、整体改造、分期实施；建立开发商及广大市民合作的开发机制，通过各方面利益的博弈，制订相关政策，寻找利益平衡点。对于欠发达地区的棚户区改造，操作难度较大，在构筑利益共同体的改造模式基础上，建议政府采取滚动开发策略，加大对城市开发融资渠道的拓展，通过相关政策吸引各类资金参与到改造过程中。

2. 历史文化街区更新

历史文化街区更新的主要对象包括城市特色街区、遗址遗迹、优秀历史建筑等，历史文化街区一般与老城区糅杂在一起发展，街区现状常常存在对历史文化类建筑设施重视不足、街区生活延续性断裂、产业开发的低水平与单一性、街区与城市发展脱节等问题。

历史文化街区更新的核心问题是如何传承历史文脉，提升城市文化品质；文化保护、商业开发与居民生活如何平衡；城市文化品牌如何打造。

因此历史文化街区更新改造的解决方法要考虑从文化保护、内容导入、功能定位三个方面进行三位一体的开发思考。文化保护方面，从遗产活化、动态传承的视角，一方面注重历史文化、民俗特色和生活方式的保护，保持原真性；另一方面将文化元素进行现代化创造以"文化体验化"方式重现。内容导入方面，从业态设置，业态控制入手，一方面根据项目，设置旅游业态、文化业态、商业业态，导入产业内容；另一方面建立业态准入机制，控制合理业态配比，平衡发展。功能定位方面，从功能匹配，融合发展的角度，一方面将文化主题、建筑形态、历史背景等作为功能定位的依据；另一方面所设置功能与街区整体发展相互融合，相互促进。例如上海田子坊、成都宽窄巷子等。

3. 老工业区更新

老工业区更新改造的主要对象包括旧厂房、旧仓库、老工业园区、老码头港口等，这些地区存在布局分散、有一定污染、与城市功能发展不符及企业自身发展困境等问题。

老工业区更新改造的核心问题是如何改造原有物业，导入什么功能换发活力，植入什么文化提升环境质量。

老工业区更新改造的主要方式为"退二进三"进行产业升级，功能置换"盘活存量"，从活化物业、置换功能、创新文化三个方面进行改造。活化物业方面，一方面在尊重原有建筑空间特点、建筑风格的基础上，进行新旧空间的整合；另一方面提升原来厂区基础设施配套，设计合理、舒适、自由的空间。功能置换方面，一方面抓住市场趋势，改造内容符合市场需求；另一方面通过置换土地功能，导入新产业内容，设置相匹配的功能业态。创新文化方面，一方面通过景观小品、建筑风貌的精心设计，营造特定的主题文化；另一方面通过策划节庆赛事、主题活动等进行品牌形象文化的打造。例如北京 798 艺术区等。

4. 城市公共空间更新

城市公共空间更新改造的主要对象包括城市河流水系、废弃公共设施工程、公共绿地、城市公园等，这类空间常常存在设施陈旧、河流水系污染、滨水岸线布置不合理、绿地使用效率低等问题。

城市公共空间改造的核心问题是公共物品如何引入市场化操作，参与主体和机制如何设计，改造资金又从何而来。

城市公共空间更新改造方向大致有三个方向，即公共空间策略、水域综合治理、片区综合开发。针对改造存在的困难，可以有以下 4 种模式：（1）开发商主导模式，即政府通过利益驱动方式促进开发商进行改造，提供土地出让金优惠、开发权转移、容积率奖励等优惠政策；（2）采取公私合营制的 PPP 模式，融合来自政府付费、可行性缺口补充、使用者付费的社会资本收益；（3）众筹模式，引导利益相关主体参与具体实施，众筹改造基金，进行环境整治提升；（4）NGO 主导参与社区更新规划，实现社区自主治理，建设资金来源于政府拨款、大众捐赠、组织自我盈亏等。例如纽约高线公园、首尔清溪川综合治理、新加坡金沙酒店与雨水公园的综合开发建设案例等。

第9章 城市规划设计基本过程和方法

9.1 城市规划设计准备阶段的方法

实践中的城市规划设计通常是一个较为长期的过程。在城市规划设计的各个工作阶段中，方案设计是提纲挈领的重要工作。在这个阶段，设计者需要研究规划设计条件，针对规划区域构思和确定规划理念、思想和意图，对各个物质要素进行空间布置，然后将设计思维进行整理、记录和形象化，提出具体的建筑空间组织、环境景观规划、绿地系统构建、交通系统组织，并用专业的图形和文字规范的表达出来。

一般理解，规划设计有两个目的，一个目的是把我们对城市中的一个区域或一个空间带入有序发展的需求和愿望，与现状的物质和精神状况联系在一起，并最好地服务于未来的发展需要；另一个目的是对一个地区的发展过程进行指导。无论哪一个目的，都需要规划师对该地区的现状情况、存在问题、形成原因及该地区的各种发展可能性和相关人群的发展意愿进行充分的了解和把握。这就是规划设计现状调查的目的。作为客观因素和基地各种特征的综合，都将被作为规划设计的基本条件，成为规划师进行思考和设计过程中的重要环节。城市建设的规划是一个非常庞杂的题目，要求规划师必须对自己的任务进行界定，对每一个工作重点进行梳理。在接受一项规划设计任务之后，我们首先需要对工作思路进行梳理并考虑规划步骤。表 9-1 为项目开始前需要思考的问题。

表 9-1　项目开始前需要思考的问题

工作和规划步骤	思考的问题
现状资料的调查与分析	任务所在区域的物质和精神特征是什么 现状中有哪些是需要保护的有价值的要素，应当在规划中作为预设加以考虑
现状要素的关联性	规划场地满足哪些功能？如何在宏观层面和微观层面进行评价
不利因素	现状用地有哪些不利因素（交通、污染等）必须进行改变和完善？导致缺陷的原因是什么？从狭义和广义影响来看存在哪些相互作用和依懒性
规划目标	基地在哪些方面有发展潜力？实施后有哪些影响？需要考虑哪些限制条件
规划对策	如何分解规划目标和设计理念
概念设计策略	如何设计解决方案？借助何种可能性？规划会产生哪些影响（基础设施、生态、交通等）？怎样达到平衡？有哪些示范性的经验可供借鉴

以上这些思考可以用叙述性语言描绘，也可以用简单的图表、示意图勾画。即对整个设计任务有一个整体的把控。然后再进入详细的规划设计分析阶段。

9.2 现状调查与分析

9.2.1 现状基本情况及主要调查内容

在城市建设实践过程中，我们可以按照设计任务的性质将设计任务分为两类区域，分别是城市更新改造类任务和待开发建设类设计任务。针对不同的规划设计任务，现状调查的侧重点有所不同。表9-2为不同规划目的设计项目需要调查的内容。

表 9-2　不同规划目的设计项目需要调查的内容

内容/类别	更新改造类	开发建设类
规划场地	地形、水域、土壤、植被、生态价值	地形、水域、土壤、植被、生态价值
用途	建筑和土地利用、利用方式和范围、土地利用冲突	土地利用、土地利用冲突
建筑物	历史、现状、保存/更新的需要、造型、保护、特殊特征	建筑结构，容积率分配
道路	等级、连通性、安全性	区域路网结构、地块可达性
开放空间	现状、规模、使用情况、社会与生态功能、定性与定量的适宜性、设施配置、造型	开放空间的结构、规模、用途、空间连通性和可达性、生态
形态	形象特征、空间序列、比例、建筑韵律、空间形式、古迹/标志	景观、城市形象特征、空间结构、天际线、广域空间标志、视线关系
社会-经济形态	主要为街坊层面的数据	城市层面的数据

9.2.2 主要地图资料适用范围

根据不同的任务及设计的不同阶段需要分析的内容来确定所需的地图资料及合适的比例。表9-3为不同阶段需要分析的内容的地图资料及合适比例，图9-1为不同尺度空间的表达示意。

表 9-3　不同阶段需要分析的内容的地图资料及合适比例

序号	所需分析内容	适宜图纸比例
1	土地使用规划、区域性的空间结构规划	1：5000～1：10000
2	设计地段所属研究范围的总体规划、整体城市设计总平面、规划理念	1：2000～1：5000
3	设计地段的方案总平面、控制引导性图则、重要节点空间结构规划	1：1000～1：2500
4	局部地块的详细设计	1：500～1：1000

注：上表所示内容是一般性的常规认知，具体分析还需按照分析的内容进行更为详细的确定。

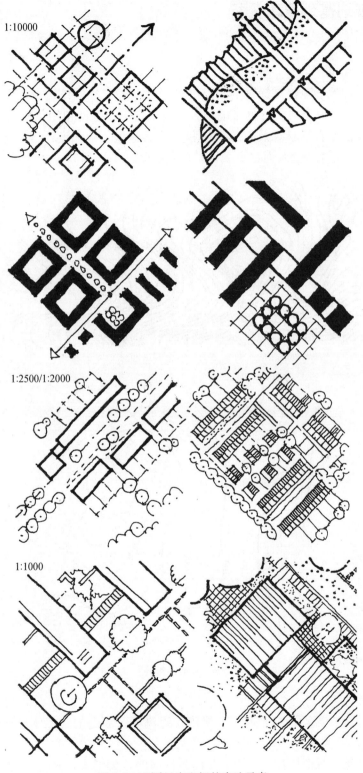

图 9-1　不同尺度空间的表达示意

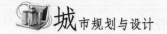

9.2.3 规划基地要素分析

1. 自然要素

（1）地形地貌

规划基地的地形地貌是探讨空间发展可能性和确定空间结构及形态的基本条件。基地的地形地貌越复杂对设计的影响越大，主要影响土地的使用、空间划分、建造可能性、道路建设、自然景观及建筑个体和整体的造型、细部设计、与气候的关系等。常见的基地地形地貌示意图如图9-2和图9-3所示。

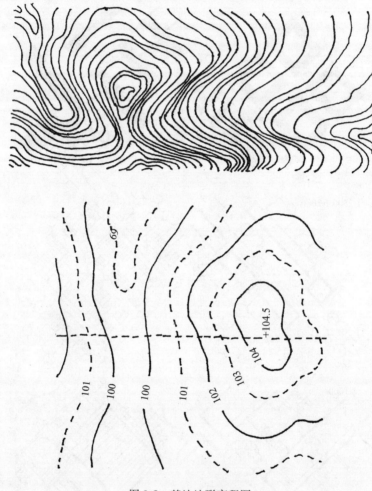

图 9-2　基地地形高程图

（2）水体

水体可分为：流动的自然水——溪流、河流等；静态的自然水——池塘、湖泊、水库等。

水体是自然景观中具有显著特征和体验价值的地貌形式，同时它们又在自然界自身的活动中扮演着重要角色。一般情况下，水体是重点保护对象，调查中需要重点关注水体的断面尺度、形式、作用及其所影响的周边区域（植物和动物的生活空间）的情况，要作为整体一起加以考虑。图 9-4 为河道及岸边植被示意图，图 9-5 为河道保护范围平面示意图，图 9-6 为理想状态的河道示意图。

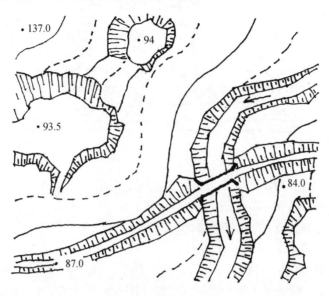

图 9-3　基地的地形描绘图

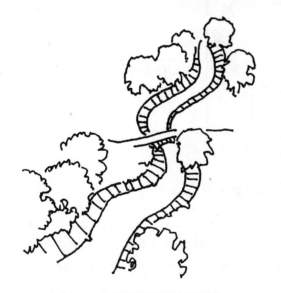

图 9-4　河道及岸边植被示意图

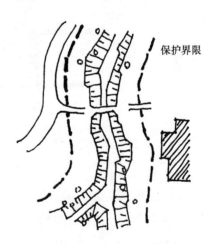

图 9-5　河道保护范围平面示意图

（3）植被

舒适健康的生活环境中不可缺少丰富的植被系统。在进行现状调查时，必须给予植被高度的重视，尤其是乔木类的植被类型对自然景观、气候、空气净化和人的体验都有很重要的价值。尽量做到在设计时保护每一棵树。

为了避免妨碍树木的生长，需要为树木划定一个保护范围，这个范围一般至少与

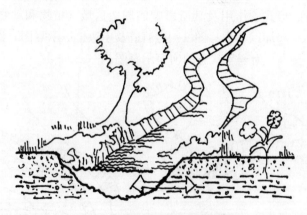

图 9-6　理想状态的河道示意图

树木的树冠直径相称。树木的大小决定保护范围的大小。树木的大小分类如下：

第一类树冠直径为 7～10m（例如悬铃木属）。

第二类树冠直径为 5～7m（例如刺槐）。

第三类树冠直径为 2～4m（例如槭树）。

一般树木的安全保护范围在 3～5m 之间，第二、第三类树木还可以种植在地下车库的上方。图 9-7 为独立树木保护范围示意图，图 9-8 为树群保护范围示意图。

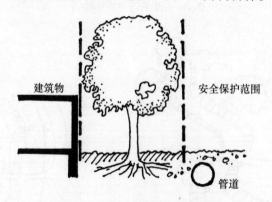

图 9-7　独立树木保护范围示意图

（4）气候与环境

基地内的小气候在基地分析和空间使用性质选择时也是备受关注，建筑物位置的选择与基地的地形、风向、植被都有很大的关系。以住宅建筑为例，一般处理较好的基地形式如图 9-9、图 9-10 所示。

2. 空间要素

（1）土地的使用功能与产权

对于基地的用地从使用功能的角度进行分类并做标识，每种用地的边界范围要清晰（用地性质的分类按国家用地分类标准统计）。不同的用地又有不同的所属关系，要分别记录。图 9-11 为土地性质、土地产权示意图。

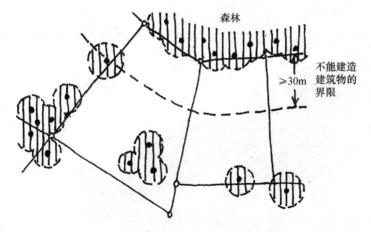

图 9-8　树群保护范围示意图

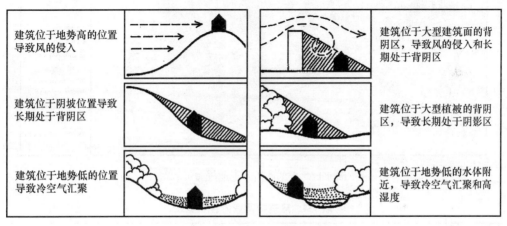

图 9-9　场地现状对小气候的影响

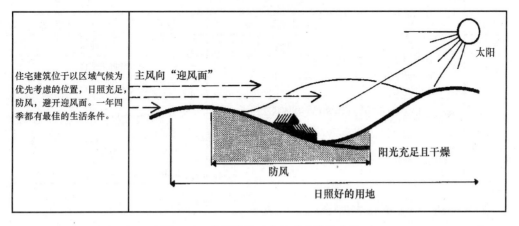

图 9-10　建筑在基地中的适宜位置选择

（2）建筑物（含建筑数据）

基地内现有建筑物的情况是调查的重点项目，需要掌握各类建筑物的详细情况，通常包括表 9-4 所列内容。

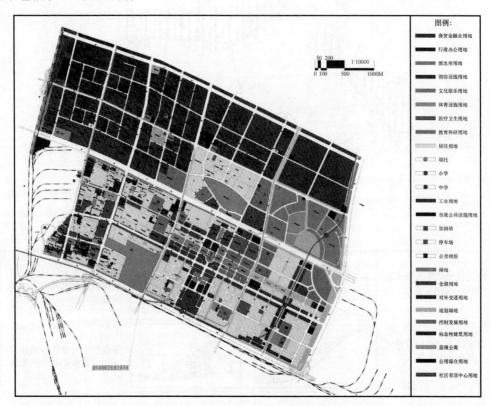

图 9-11　土地性质、土地权属示意图

表 9-4　建筑物调查内容一览表

序号	名称	类别	标注内容
1	建筑形制	单栋建筑	层数、屋顶形式、尺度
		建筑群	层数、尺度、正立面、山墙形态
2	建筑用途 (仅举例说明)	住宅	户型、面积
		厂房	型制、结构
		小学或幼儿园	人口规模、占地规模
3	建筑使用状况	新建、整体状况良好、 待修善、待拆除	按建筑具体的使用条件进行判断
4	建筑造型特征	单栋建筑	尺度、比例、细部特征、历史价值
		建筑群	比例、尺度、韵律、材料、色彩等

（3）道路

道路交通是衡量基地可达性的重要特征，也反映了基地对外交通联系的便捷程度。通常可将基地的交通条件分为车行道路系统、步行或自行车道路系统和停车设施三个方面。

① 车行道路系统。

车行道路系统主要为机动车行驶的通道，按城市道路等级可分为快速路、主干道、次干道和支路；道路断面型制一般分为一块板、两块板、三块板（需标出具体的道路使用情况，图 9-12）；道路交叉口的形式，如图 9-13 所示。机动车行道路调查内容一览表见表 9-5。

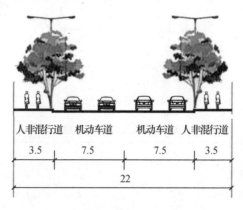

(a) 一块板道路断面示意图(单位：m)

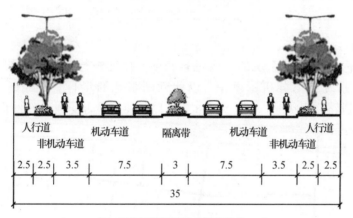

(b) 两块板道路断面示意图(单位：m)

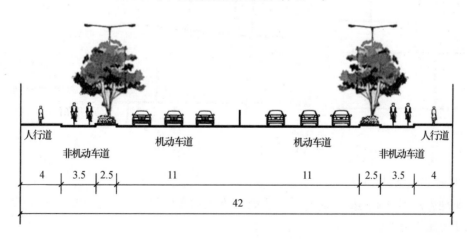

(c) 三块板道路断面示意图(单位：m)

图 9-12　道路断面示意图

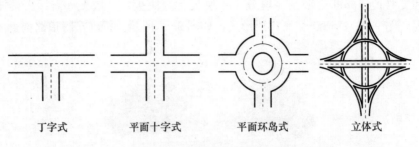

图 9-13　道路交叉口的形式

表 9-5　机动车行道路调查内容一览表

序号	内容	分类
1	道路等级	快速路、主干道、次干道、支路
2	道路宽度	指道路红线范围内的总宽度
3	道路断面型制	一块板、两块板、三块板
4	交叉口	丁字式交叉、平面十字式交叉、平面环岛式交叉、立体式交叉

② 步行或自行车系统。

基于基地内现状步行系统的状况进行判断，梳理慢行系统的组织及布置情况。图 9-14 为步行系统组织分析示意图，以此判断基地的步行交通组织是否成系统；图 9-15 为步行道路使用状况，以此判断步行道路的使用是否受到行车的干扰。

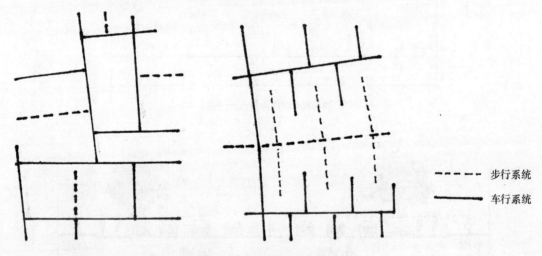

图 9-14　步行系统组织分析示意图

③ 停车设施。

基地内停车设施的配置和布局，主要调查机动车的停车方式、出入口的位置与车行或步行是否有冲突。

机动车的停车方式有停车楼、集中式停车场、路边停车等方式。停车楼和停车场重点关注出入口与机动车道和步行道路的衔接是否有冲突，路边停车则要综合考虑道路的通行能力及对步行的干扰。图 9-16 为路边停车示意图。

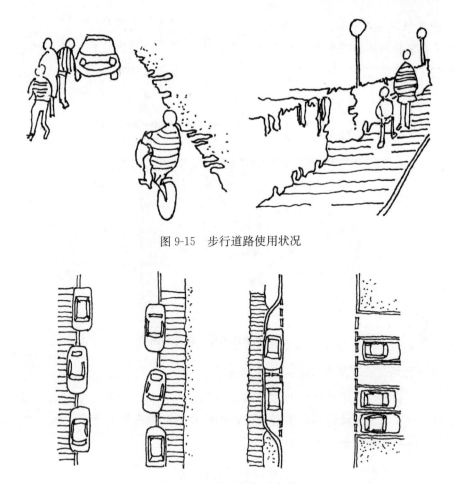

图 9-15　步行道路使用状况

图 9-16　路边停车示意图

9.3　规划设计分析

　　前一节内容是基础性的现状调查，现状调查越丰富，下一步设计时就会对基地的了解越深入。此时还需要对资料进行必要的整理和表述，尽力做到条理清晰、全面，以便于下一阶段设计时可以快速明确地加以利用。

　　因此下一任务就是对现状调查的结果进行分析，评价现状的具体情况和特征，研究引起这样结果的原因，分析各要素之间的相关性和可能性。从现状分析的结果中可以得出基地内哪些矛盾是最突出的，需要马上着手处理，哪些是不需要处理的。分析的结论是下一步规划设计目标的基础。

9.3.1　评价和描述外部关系

　　评价和描述外部关系主要是考察基地与周边环境的结构性关系，可以扩大到与更大空间和功能的关系。

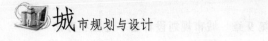
1. 基地与周边交通的关系分析

主要考察基地周边的城市道路系统、慢行系统的主要通道及到周边公共交通站点的联系，评价基地的可达性。图 9-17 为基地周边道路系统分析示意。

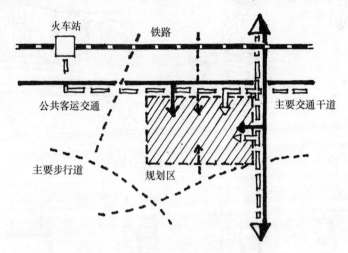

图 9-17　基地周边道路系统分析示意

2. 基地与周边公共服务设施的关系分析

主要考察基地与周边城市公共服务设施（例如与不同等级的商业设施、文化娱乐设施、教育设施、体育设施等）距离关系，评价基地的综合服务水平。图 9-18 为基地与周边公共服务设施关系分析示意。

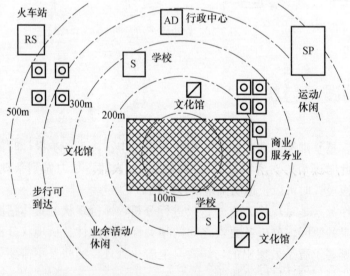

图 9-18　基地与周边公共服务设施关系分析示意

3. 基地与周边开敞空间的关系分析

主要考察基地周边的整体生态环境的形态特征，与公园、广场、水体等开敞空间的联系，评价基地的空间环境质量。图 9-19 为基地与周边开敞空间的关系分析示意。

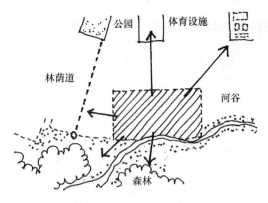

图 9-19　基地与周边开敞空间的关系分析示意

4. 基地与周边建筑空间的关系分析

主要考察基地周边的建筑形式、建筑密度、空间形式，建筑使用状况，评价基地周边的建筑环境质量。图 9-20 为基地与周边建筑空间的关系分析示意。

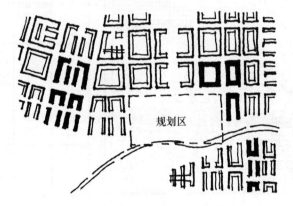

图 9-20　基地与周边建筑空间的关系分析示意

5. 基地周边的土地利用

主要考察基地周边的用地使用情况，包括土地使用性质、规模、等级等内容，评价基地未来可能的用地使用方向。图 9-21 为基地周边的土地利用分析示意。

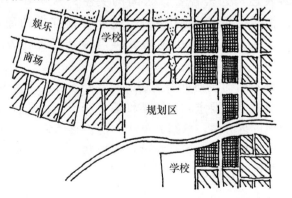

图 9-21　基地周边的土地利用分析示意

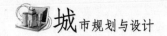

9.3.2 基地的用地适应性评价

对基地的地形地貌、地质条件、生态条件、污染状况等情况的分析，可以对基地内的具体地块进行土地的适宜性评价，分为适宜建设用地、一定条件下适宜建设用地、不适宜建设用地和不允许建设用地。图 9-22 为基地的用地适应性评价示意。

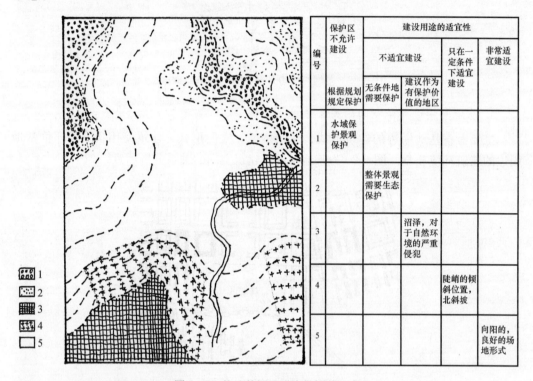

编号	保护区 不允许 建设	建设用途的适宜性		
		不适宜建设		只在一 定条件 下适宜 建设	非常适 宜建设
	根据规划 规定保护	无条件地 需要保护	建议作为 有保护价 值的地区		
1	水域保 护景观 保护				
2		整体景观 需要生态 保护			
3			沼泽，对 于自然环 境的严重 侵犯		
4				陡峭的倾 斜位置， 北斜坡	
5					向阳的， 良好的场 地形式

图 9-22 基地的用地适应性评价示意

9.3.3 现状要素关联性分析

将基地周边与基地内部的相关用地条件、交通条件、公共服务设施等各要素在平面图上予以综合性的表达，分析各要素之间的关系。从中找出基地建设项目需要解决的消极因素、消极空间和矛盾冲突，并分析其存在的原因。针对分析结果，特别是基地的不利条件，提出相应的解决措施，以备在方案设计时予以全面解决。

不同的规划设计项目，有不同的规划诉求，基地的基础条件又千差万别，因此对现状基地的分析也会根据不同的设计要求和发展条件而有所不同。虽然不能穷尽所有的地块，但可以对大部分用地进行分类，总结其分析方法。整体来看，可以把用地分为城市开发型用地和城市更新型用地两大类，在进行规划基地分析时对两种用地分析的侧重点会有不同，详细的分析内容见表 9-6。

表 9-6　规划基地内部要素关联性分析一览表

内容/基地类型	城市更新型用地	城市开发型用地
场地基本条件	分析地形、水域、土壤（质量、承载力）、植被、生态价值、污染等方面的不利因素，提出可能的解决方案	分析地形、水域、土壤（质量、承载力）、植被、生态价值、污染等方面的不利因素，提出可能的解决方案
规划用途	1. 现状用地性质与规划用地性质是否一致？若不一致，用地性质是否会与周边用地发生冲突？ 2. 基地内部的用地性质是否需要作调整？结合周边设施情况，综合判断所应调整的规划用途	1. 规划土地使用性质是否需符合城市未来的发展方向？需要通过社会-经济层面的论证来确定具体的使用性质。 2. 考虑城市未来发展的需求，对基地的基础设施和公共服务设施进行相应的规划设想
建设要求	1. 对基地内保存建筑进行分类，确定需要哪种建设方式，修缮、改建或重建？ 2. 对基地内新建建筑在功能、形式上提出具体的设计要求，特别是在有历史文化氛围的老城区，应给出详细而具体的设计目标	1. 对基地的整体空间结构提出规划构思和具体方案，综合论证后详细确定每块用地的建设规模、建筑密度。 2. 在实施层面对具体建筑提出建设要求，结合地形地貌和基础设施进行详细的场地规划
道路组织	1. 现状车行道路是否满足车行交通流量？若不满足，是否有拓宽道路的可能或通过调整用地性质等手段来解决矛盾？ 2. 基地步行交通是否成体系？若不成体系，有几种方式可以整合利用？ 3. 基地内部的人行和车行道路的出入口是否合理？若不合理，如何调整？ 4. 基地内静态交通的现状矛盾是否突出，有哪些解决方式	1. 结合基地周边城市的道路系统，统筹安排基地内部的车行道路网结构；可以对几种路网结构进行综合评价，取其最满意的形式。 2. 与车行道路系统相适应，规划步行道路系统，通常会一起进行考虑。 3. 合理安排基地的人行和车行道路出入口。 4. 预测基地内部静态交通的规模，针对具体规模提出解决方式
开放空间	1. 基地内开放空间的规模是否满足需求？现状建设质量如何？ 2. 判断现状开放空间布局的合理性，是否需要改善布局模式？ 3. 现状开放空间内的具体设施是否与使用要求相符合？可通过满意度调查给出具体的调整方向	1. 规划基地内开放空间的结构和规模，需综合考虑城市气候、生态功能和视廊的关系以及与城市其他开放空间的连接。 2. 在确定开放空间结构的基础上，针对具体的开放空间层级确定开放空间的可达性及相应的规模和设施布置
空间形态	基地现状空间形态是否与周边整体空间形态相一致？若不一致，是否可以从空间序列、比例、建筑韵律、空间形式等层面提出改进方案	从形态特征、空间轮廓、空间标志、视线关系等方面综合考虑基地未来整体的空间形态和具体的建筑风格

　　将表 9-6 中所有的分析结果进行归纳总结，处理好基地的缺陷和相关矛盾冲突，并提出详尽的解决措施，从而可以在下一步进行具体的规划方案设计时给出充分的考虑和安排。这些基础性研究越细致，下一部的规划设计方案就会越完善。

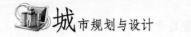

9.4 设计步骤

设计是一个不断发现问题和解决问题的过程，这些问题可能是针对现实的问题，也有可能是具有前瞻性的问题。设计任务是纷繁复杂的，从旧区更新的高密度社区到城市的远景规划，可以涉及各个层面、各级空间。先解决每个时间和标准层面的问题，再给出适当的解决途径，最后选择合适的方法。这里的设计方法主要涉及空间功能和技术层面的方法。在社会经济层面的讨论浅尝辄止。

9.4.1 研究破题

研究破题是城市设计中最为核心的环节，在设计一个项目的过程中，首先就需要发现该项目最核心的价值所在，然后通过规划设计手段对城市建设进行预先的谋划。规划设计的价值逻辑本身也就是一个从价值发现到价值创造最后到价值兑现的过程。这种价值逻辑是所有城市设计项目中最基本的思考方式，在强调实施性的项目中更是尤其重要。每个城市都有其存在的价值区段。当我们在做规划设计项目时，应该注重因地制宜，针对其独特的特质研究并作出合理的价值判断。城市中的不同地段都有其独特的价值。城市本身充满了丰富多彩的要素，找到其独特的价值，是一个好的城市设计的基础。对于规划设计项目来说，主要从以下四个方面进行分析：

1. 区域发展

规划设计项目在城市空间中不是孤立存在的，首先在区域发展层面进行研究，特别是对区域经济发展的研判与价值识别。在作区域价值判断时，重点是掌握区域生产力发展格局、发展重心和发展机遇，而支撑区域发展的交通联系则是重中之重。只有找到城市的区域交通联系，发现城市是如何通过交通与外界发生联系的，才能在之后的规划方案中有针对性地引导和改变人流的导向，从而确定其在区域层面的定位和功能。

区域层面的分析是有层次的，可以根据规划项目的规模和重要性来确定。一般情况下分为宏观区域层面（如全球层面、全国层面、城市群层面等）、中观层面（如城市层面）和微观层面（如分区层面）。层层递进，最终对规划项目的发展定位有较为客观、严谨的评判。以首都都市圈价值评估为例，环北京由内而外形成了首都圈、北京圈、环京圈、京津冀圈，由重要交通廊道形成了城市的区域发展轴线，生态涵养区形成了自然基底。在相同功能板块布局时，就应该充分发挥这种集聚效应，靠近发展轴线进行布置，更加有利于发挥效益的最大化。在远离轴线布置功能板块时，就应该考虑差异化发展，挖掘其独特的潜力，转为特色导向的发展思路。

2. 趋势研判

依据区域发展的评价，对规划基地的发展阶段、发展方向和发展要素作详细的思考。一方面可以学习区域新的发展理念和发展模式，另一方面可以准确地把握规划项目的发展定位。

以京津冀地区为例，雄安新区的建设就代表了中国城市建设思路的转变。雄安新区的规划是我国城市建设又一次制度创新、理念创新的典范。雄安新区的规划思考代表着我国最先进与最前沿的城市建设智慧与思路。主要体现在系统生态规划思路、弹性土地管控政策、新兴产业发展模式创新三个方面。

（1）"生命共同体"下的系统生态规划。在雄安新区的规划中，生态空间不再是城市的"底线"，而是城市和区域发展的"前提"。规划思路从以前的不突破底线，转向所有决策优先考虑生态系统，强调人与自然的和谐共存。

（2）混合、灵活的"三生空间"弹性用地管控。在雄安新区的规划用地图中，改变了传统规划中的用地性质分类方法，融入了多规合一的思想，按照功能属性分为生活、生产、生态三类用地，突出用地的弹性管控。

（3）新兴产业"三合论"：一产的环境、二产的模式、三产的效益。历史上的城市中心多数是代表神权的神庙、代表皇权的皇宫到现在代表资本的高楼大厦。而未来的城市中心必然是以科技和知识为载体，它能够聚集大学、科研、文化等功能，代表最先进的创新与交流，最终实现"源头创新"。以"硅谷"为例，围绕着斯坦福大学聚集着大量创新的高科技公司，依托斯坦福的文化和研发实验室形成了新的城市中心。科技是人类文明的加速度，而文化是人类发展的惯性。未来的城市必然是将科技融入城市细节，在提供市民最方便的生活同时，营造出最优越、最自然的生态环境。

3. 自然历史要素分析

一个著名的城市不仅需要高楼大厦，更加需要有其独特的历史积淀。对规划基地所在区域的自然山水格局和历史文化价值进行挖掘也是常见的分析方法，为规划基地独特空间格局的塑造奠定基础。

例如新疆昌吉市头屯河滨水区城市设计（图 9-23）。基地位于新疆昌吉市西部待开发地区，头屯河的西岸，是新疆少数民族文化的汇聚区和未来文化创意产业的先导区。方案深入挖掘城市的历史文化内涵和山水自然格局，遵循城市文脉，通过对空间功能组织、建筑形体组合、文化活动策划、旅游线路设计等各种策略，实现昌吉市头屯河滨水区的活力。该方案的特点一方面彰显了城市独特的文化内核和历史印记，将其与文化产业相结合，作为城市未来的发展引擎，着力打造城市独特的文化魅力；另一方面尊重保留独特的山水格局，特别是滨水岸线的设计，与文化活动相结合，凸显了基地的独特山水文化特色。

分析规划项目核心价值的方法很多，方向也很多，根据项目的具体情况并结合当前城市发展的主要矛盾进行具体的分析总结，多多积累经验，掌握更科学的分析方法，从而能够构思出很好的设计理念。

9.4.2　功能组织

功能组织是规划设计的核心内容，一个规划方案的功能布局应该具有相当严密的逻辑。它包括功能组织、分区、匹配与关联互动，也包括功能内涵与容量，根据不同的功能与空间组织需要形成不同的模式、秩序与章法。

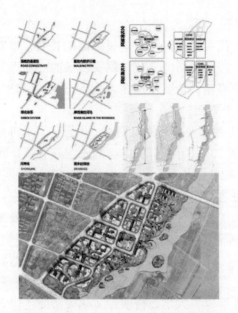
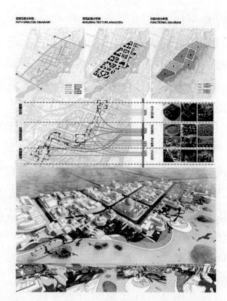

图 9-23　新疆昌吉市头屯河滨水区城市设计

独具特色的雄安新区总体规划设计。雄安新区总体城市设计采用中华传统营城手法。南北中轴线展示历史文化，突出中轴对称，疏密有致，灵动布局；东西轴线利用交通廊道串联城市组团，形成了"一方城、两轴线、五组团、十景苑、百花田、千年林、万顷波"的空间意象。

整体规划按照中华传统营城理念，形成布局规制对称、街坊尺度宜人的中心"方城"；按照功能完整、疏密有度布置五个尺度适宜、功能混合、职住平衡的紧凑组团。将重拾民族文化自信，文化传承提高到前所未有的高度。

（1）街道与建筑群落的尺度与章法。雄安起步区的范围内，新建筑绝大多数将以多层为主，不会高楼林立。街道尺度将会满足日常生活的需要；街道与建筑之间更加开放与便利；街道断面设计将以慢行交通需求为核心；第五立面充分展现出传统城市的丰富层次和优雅韵律。图 9-24 为雄安新区路网密度示意图。

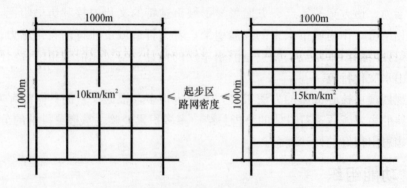

图 9-24　雄安新区路网密度示意图

（2）社区空间的尺度与章法。雄安新区提出打造 15min 社区生活圈，社区采用组团化布局，避免钟摆交通，强调职住平衡。每个组团发展 20 万～30 万人，组团内就业、休闲、娱乐、居住自成体系。社区内各种功能高度混合，不会泾渭分明地分为住宅楼和写字楼，各个城市组团也不会按照使用性质来划分，避免居住和工作分离。

不同于传统以人均服务面积来衡量的标准，雄安新区提出体验式指标，以人均公园面积、绿色交通出行比例、公共交通占机动化出行比例、15min社区生活圈覆盖率等新型指标体系来衡量城市的空间品质。

9.4.3　方案设计

方案设计指的是如何在方案空间中落实理念与价值体系。城市规划设计以空间为载体，塑造城市空间也是规划设计的主要目的和核心任务。城市空间有多种表现形式和塑造方式，通过针对性和富于创意的空间组织塑造，以适应功能需要实现预期价值。在空间诸多特质中，空间尺度、空间关系和空间边界是最为重要的，需要在规划方案中重点考虑。

城市设计是城市空间塑造的主要手段，包括了以下要点：山水格局、城市肌理与形态、开敞空间系统、建筑群落与建筑风貌、场所活动与环境艺术。

将以上整个城市设计过程，逐一分析表达，形成一个完整的城市设计方案。以北京门头沟区三家店地区城市设计为例，展示了城市设计的整个思考过程和最终成果表达。

三家店村是北京第一批传统保护村落，位于北京石景山区与门头沟区交界处，是西山文化古道的开端。传统村落的保护与传承一直是个很有争议的课题，如何与现代城市共生更是没有固定的发展模式。三家店村也正处于这样的尴尬境地。随着现代城市功能和文化的不断演进，传统的庙会文化、商贾文化和驿站文化已经没落，具有传统风貌的三家店村也逐渐被外来人口所占据，成为名副其实的城中村。目前村落整体环境一般，没有活力，除了几座保存较好的传统院落还能依稀映射出其昔日的繁华之外，已然没有了往日的喧嚣。如何拯救三家店古村落，使其在城市发展过程中仍具有活力成为着重需要考虑的问题。方案对古村落及其周边地区做了全方位深入剖析，从生态环境、产业创新、空间重组和活力再造四个方面给出设计策略，最终形成完整的设计方案。图9-25为北京门头沟区三家店地区城市设计实例。

9.4.4　引导管控

规划设计的最终目的是指导城市建设，以规划为依据进行建设管控是实现高品质城市环境和有序建设的必然途径，也是城市功能实现和预期价值兑现的重要手段。引导管控一般分为法定管控和引导管控两种方式。其中，法定管控是指通过编制法定规划，通过规划许可制度实现用地管控、设施管控、指标管控。引导管控是指通过城市设计导则与指引干预建设工程中的形态管控、风貌管控、特色管控。一般情况下，设计管控的内容有两种实现途径：一是可以与控制性详细规划相结合，通过控制性详细规定分图则的形式呈现；二是可以编制城市设计导则，有针对性地解决城市空间问题。

城市规划设计重要的特点是因地制宜和因势利导。因地制宜是源于规划师敏锐的观察、激情的感知和理性的分析。因势利导在于不囿于手法、不拘泥于形式、有目的地创新。只有将逻辑、理念、手法、创新等融会贯通，才能做出好的规划设计方案。

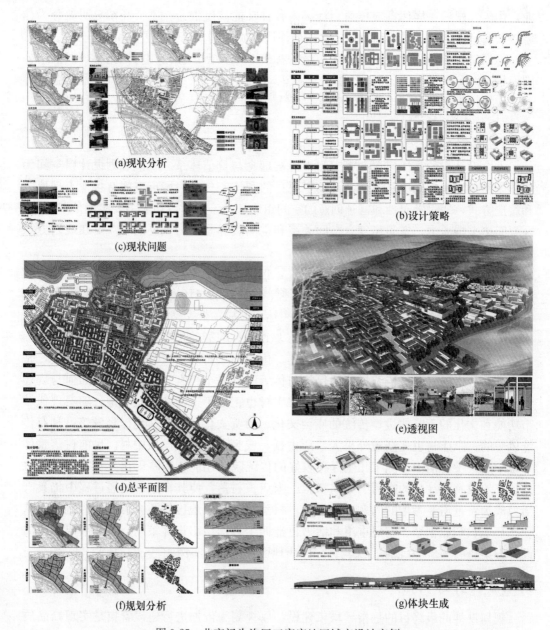

(a)现状分析

(b)设计策略

(c)现状问题

(d)总平面图

(e)透视图

(f)规划分析

(g)体块生成

图 9-25　北京门头沟区三家店地区城市设计实例

第10章 城市空间要素基本设计方法

城市空间由各种不同功能的空间构成，空间又由许多要素构成。广义上讲，城市领域内的所有事物，包括建筑物、构筑物、道路、植物、水体、山体等构成了城市整体空间环境要素；从狭义上讲，特指城市内部、建筑物外部空间、场所及景观集合，这些空间环境要素是城市规划设计的重要研究对象。然而，在具体的城市建设实践过程中，影响城市环境的不仅是这些看得见的物质要素，还包括各个要素之间有一种外部条件下的关联框架。在此，从物质空间要素的角度，将城市空间分为道路系统、建筑群体、开敞空间、景观节点四个部分，在剖析各自设计要点的基础上，更侧重从关联性上分析各自的设计方法。

10.1 道路系统组织

从门前小径到高速公路是居民日常出行的通道，交通工具和道路在城市文明进化中占有重要地位，人类的社会、政治、经济、文化发展都与交通发展紧密相关。在以小汽车为主要交通工具的时代，交通以是否能够通过完全机动化来实现最大限度的可达性作为评判标准。显然这一标准对以生态、绿色为核心理念的城市发展观已变得不再适用，我们需要重新认定交通在社会生活中的角色，考虑整体需求和可能性，采取符合目的且有意义的交通布局方式。

因此，无论是详细规划还是较大范围的概念性规划，城市规划设计都必须满足以下条件：

（1）维持绝对必须的交通量。

（2）促进非机动化的私人交通及公共客运交通。

（3）公平考虑所有居民所拥有的交通机动化需求和可能性。

（4）尽量减少交通问题对于生活质量的影响。

（5）充分考虑环境保护、能源节约与国民经济方面的可能性。

10.1.1 车行交通组织

1. 总体城市设计阶段的道路网类型

对于城市而言，道路网是城市的骨架，道路网的布局形式直接影响到城市的整体格局。不同的道路网形式所构成的城市布局形态、用地分布、环境特征都不同。按照道路网的形式，大致可以分为以下几种类型：

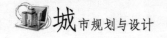

（1）线形道路系统

线形道路系统以一系列相互平行的主要道路和它们之间的联系道路构成空间主要发展轴线。这种道路网形式通常受到客观自然条件（河流、山体）的限制，在空间上呈单向度的均质分布，形成一个连续的、有节奏的视觉特征。图10-1为深圳市线形道路网系统。

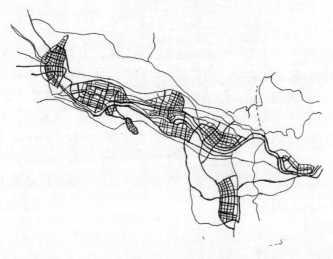

图10-1　深圳市线形道路网系统

（2）蛛网式道路系统

蛛网式道路系统在欧洲中世纪经常出现，随着城市自然发展由内向外延伸，道路线形较为曲折，并由地形、地貌等客观条件限制了城市空间尺度，使空间尺度宜人，变化丰富。图10-2为荷兰阿姆斯特丹蛛网式道路系统。

图10-2　荷兰阿姆斯特丹蛛网式道路系统

（3）棋盘式道路系统

棋盘式道路系统布局规整、秩序严谨、道路均匀分布，使得城市大部分地区处于均质状态。图10-3为美国洛山矶棋盘式道路系统。

图 10-3　美国洛山矶棋盘式道路系统

（4）环形＋放射式道路系统

环形＋放射式道路系统是现代城市解决城市快速扩张后内外交通联系的主要道路网形式。这种道路网形成的城市空间格局中心明确，内外差异显著。图 10-4 为莫斯科环形＋放射式道路系统。

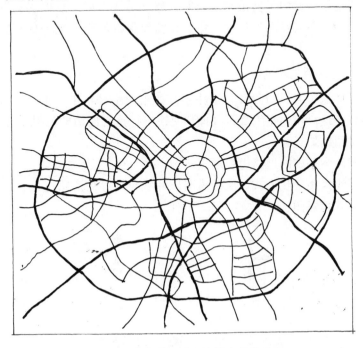

图 10-4　莫斯科环形＋放射式道路系统

（5）矩形＋放射式道路系统

这种系统始见于巴洛克式城市，为了追求城市景观效果，在原棋盘式道路系统的基础上用放射式道路形式形成景观轴线连接各景观节点。图 10-5 为美国华盛顿矩形＋放射式道路系统。

图 10-5　美国华盛顿矩形＋放射式道路系统

各种不同的道路网架构了城市整体空间，通常是在做城市总体规划设计时需要重点考虑的内容之一。在实际的设计过程中，还需要根据城市自然条件和发展战略予以综合评价和选择。

2. 城市局部地段的道路网类型

对于城市局部地段的城市设计，道路系统的组织也是重中之重。车行交通和人行交通的合理布置是地段用地组织是否合理和交通出行是否便捷的前提条件。通常来讲，大致有以下几种组织形式：

（1）以环状路为基础的道路组织形式

此种道路组织采用环状形式，次级道路以环状与高等级道路连接。图 10-6 为环状车行道路连接方式示意图。

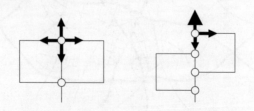

图 10-6　环状车行道路连接方式示意图

这种方式的优点是能适应较大型区域的空间组织、方向性好，车辆出入的可达性高，且利于公交线路的组织。缺点是步行系统与车行系统交叉，步行交通的安全性较差，高可达性也易于引入不必要的外部交通。因此，此种形式更适用于设计地段内部主要车行道路的设计。图 10-7 为环状车行道路组织方式示意图。

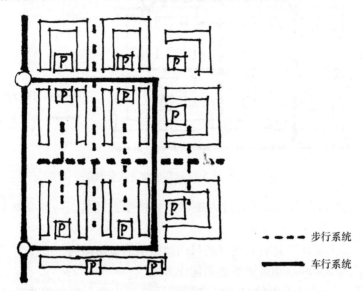

图 10-7　环状车行道路组织方式示意图

（2）以枝状路为基础的道路组织形式

此种道路组织采用树枝状形式，次级道路单方向与高等级道路衔接。图 10-8 为枝状车行道路连接方式示意图。

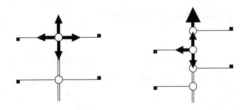

图 10-8　枝状车行道路连接方式示意图

这种方式的优点是能够达到彻底的人车分离，没有穿越式外来交通的干扰，并可通过细部形态设计降低车行速度，提高交通安全性。缺点是道路网范围有限（一般枝状尽端道路长度在 300m 以内），道路方向性不佳，不利于公交线路的组织。因此，此种形式更适用于设计地段内部与更小地块衔接的车行道路设计。图 10-9 为枝状车行道路组织方式示意图。

对地块进行规划设计时，根据具体的地块规模，可以将以上两种道路组织形式结合设计，易于形成理想的解决方案。

10.1.2　步行及自行车交通组织

步行交通是与人类密不可分的一项活动，为了降低行人对车行交通的干扰，减少

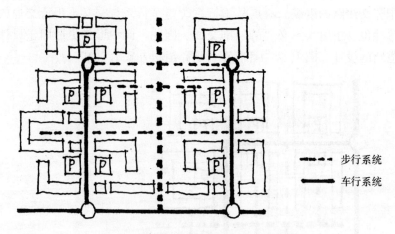

图 10-9　枝状车行道路组织方式示意图

交通事故，提高城市活力，需要为行人提供良好的步行环境。一般在规划中，必须满足以下要求：

① 步行道必须是连贯且有着明确的目的地指示的道路结构。

② 步行者的安全和活动灵活性必须优先考虑。

③ 步行道与交通性干道的交叉口应做好适宜的安排，以确保步行者舒适安全地穿越。

1. 步行道路系统结构形式

（1）方格网结构

车行和步行交通在同一道路空间，车行道与人行道平行，步行者的安全性较低。图 10-10 为步行与车行一致的组织形式示意图。

（2）错位方格网结构

车行道和人行道是相互独立的系统，两种交通形式的联系仅限于交叉口，步行者的安全性较高。图 10-11 为步行与车行错位的组织形式示意图。

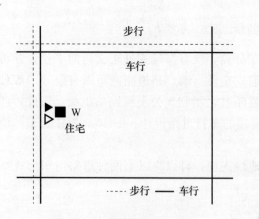

图 10-10　步行与车行一致的
组织形式示意图

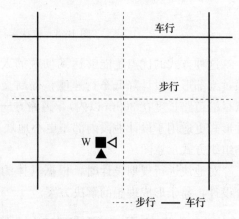

图 10-11　步行与车行错位的
组织形式示意图

（3）梳状结构

车行道和人行道是相互独立的系统，两种交通方式没有交叉点，步行者的安全性非常高。图 10-12 为步行与车行梳状的组织形式示意图。

（4）组合式结构

根据各道路的具体交通流量，可以对以上形式加以组合，并可考虑通过立体交通的方式来解决车行交通疏散和步行连贯性的问题。图 10-13 为步行与车行组合式的组织形式示意图。

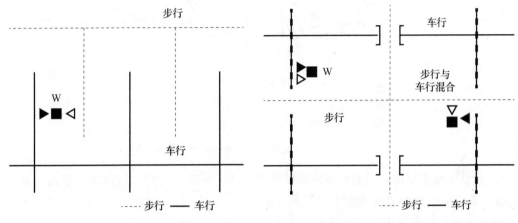

图 10-12　步行与车行梳状的
组织形式示意图

图 10-13　步行与车行组合式的
组织形式示意图

2. 步行道的布局与尺寸

（1）城市步行道布局

城市中步行道系统的布局也是有层次的，主要分为以下几个层次：

① 居住区内部层次，考虑居住空间领域可步行范围的功能配置，包括服务、休闲、工作等。图 10-14 为居住区内部的步行交通示意。

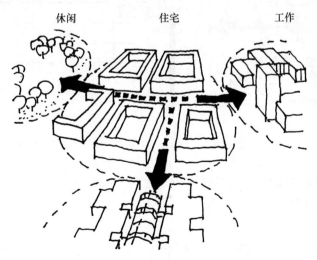

图 10-14　居住区内部的步行交通示意

② 居住区与城市（次）中心层次，步行道路起穿越作用，联系主要的目的地，组成区域联系的空间配置。图10-15为居住区与城市（次）中心的步行交通示意。

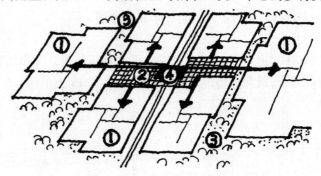

❶ 住区
❷ 住区中心
❸ 住区公园
❹ 公共客运站点

图10-15　居住区与城市（次）中心的步行交通示意

③ 整个城市层面，沿着城市的发展轴连接各个城区，是整个城市重要节点的联系通道。图10-16为整个城市的步行交通示意。

（2）人行、车行组合常见的布局方式

以方格网状交通布局为例，布局可以有以下几种方式：

① 以汽车为主导的方式，如图10-17所示。

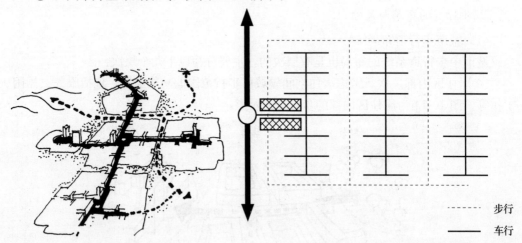

-------- 步行
———— 车行

图10-16　整个城市的步行交通示意　　图10-17　以汽车为主导的方式示意

② 受一定限制的步行交通主导的方式，如图10-18所示。

③ 步行交通主导的方式，如图10-19所示。

（3）步行道尺寸

① 步行道的基本尺寸，如图10-20所示。

② 居住区内步行道的常用尺寸，如图10-21所示。

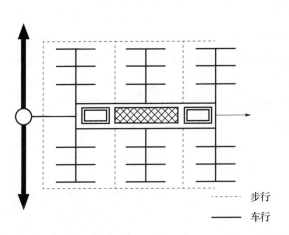

图 10-18　受一定限制的步行
交通主导的方式示意

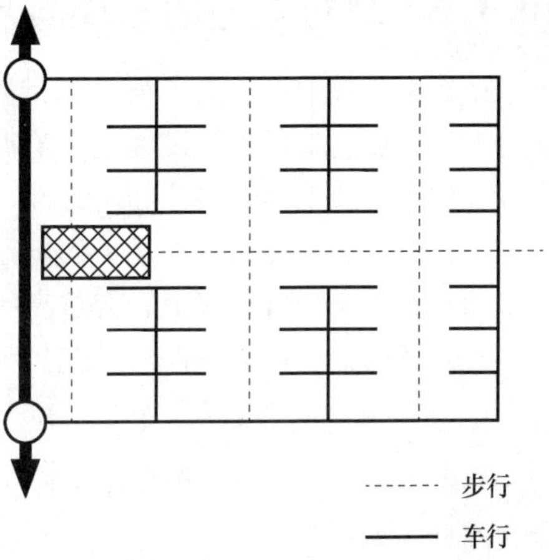

图 10-19　步行交通主导的方式示意

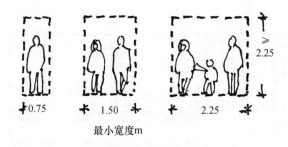

图 10-20　步行道的基本尺寸

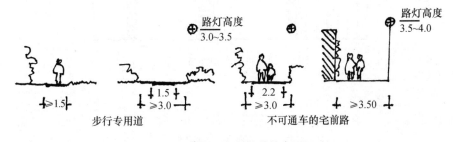

图 10-21　居住区内步行道的常用尺寸

③ 步行道的容许坡度，如图 10-22 所示。

图 10-22　步行道的容许坡度

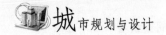

10.1.3 自行车道的布局与尺寸

在经历了数十年以汽车为主的道路交通规划后，自行车作为环境友好且节地型的交通工具在短途交通出行过程中具有强劲的竞争力。考虑到骑行者的特殊交通行为及自行车这种交通工具的特征和灵敏性，对需要单独布置自行车道的区域考虑以下因素：

（1）内部交通每天有大量工作出行或生活出行，例如居住区、中心功能区等。

（2）有贯穿的自行车道，有较高的骑行安全性，刺激自行车的使用。

（3）目的地有自行车停放设施，可以方便骑行车停车。

1. 自行车道的布局

如图 10-23 所示为自行车道布置示意图，在道路网系统中，自行车道的布置大致可分为四种类型：

（1）与交通性干道平行且设有分隔带的自行车道（图 10-23 中的①）。

（2）车行道边缘的自行车道（图 10-23 中的②）。

（3）与其他车行交通在同一道路平面上的自行车道（生活性道路）（图 10-23 中的③）。

（4）自行车专用道（图 10-23 中的④）。

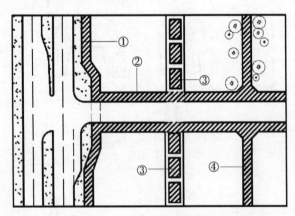

图 10-23 自行车道布置示意图

2. 自行车道的宽度

通常情况下，单条自行车道一般宽度为 1.60m，最小宽度为 1.40m（每增加一条车道宽度增加 1.0m）；自行车道与人行道同一标高时，与车行道之间要有分隔带（分隔带宽度一般为 0.75m）。一般情况下，专用自行车道的坡度控制在 3%～5% 之间。机动车道上的自行车道坡度不超过 3%；若坡度达到 4%，则坡道长度不用超过 250m；若坡度达到 8%，则坡道长度不用超过 30m。

10.1.4 静态交通

机动化交通的急剧增加，不仅要求道路不断增加，同时对静态交通即停车空间也提出持续增长的要求。

1. 停车方式与停车位布局

停车方式主要有平行停车、垂直停车、60°斜向停车、45°斜向停车、30°斜向停车五种方式。各停车位布置方式及其所需要的车行道宽度（m）如图 10-24 所示。

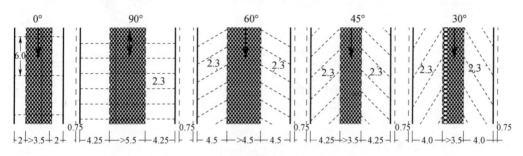

图 10-24　室外小汽车停车位的布置方式及车行道宽度（单位：m）

2. 地面停车场及其附属道路用地

根据停车场的具体用地规模，按照不同的停车方式，可以设计不同的停车方式。图 10-25 为各种停车方式的停车场布置示意图。

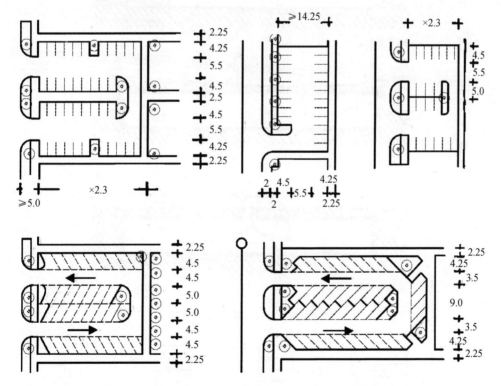

图 10-25　各种停车方式的停车场布置示意图（单位：m）

卡车和公共汽车，由于车型较长，需要的通车空间要大。图 10-26 为卡车和公共汽车停车场布局和规模示意图。

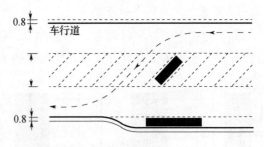

小型公交车 小型运输车(m)	中型公交车 卡车(m)	带拖车的 卡车(m)
5.50	7.50	8.00
7.50	10.00	15.00
5.50	7.50	8.00
平行停车所需停车空间宽度为3.00m		

图 10-26 卡车和公共汽车停车场布局和规模示意图

3. 地下停车库的布置方式

(1) 地下车库类型及与相邻建筑的位置关系

一般情况下，地下车库可分为全地下车库、半地下车库和地上车库，如图 10-27 所示；根据车库与建筑的位置关系，又有与建筑分离式和重合式，如图 10-28 所示。

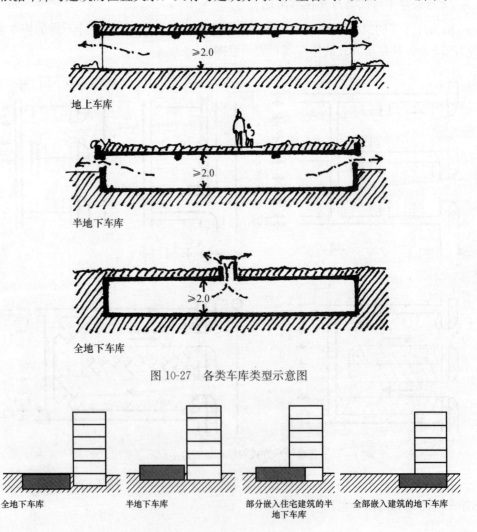

图 10-27 各类车库类型示意图

图 10-28 车库类型与相邻建筑位置关系示意图

（2）地下车库停车位的尺寸

地下车库停车位的停车方式与地面相同，具体尺寸如图 10-29 所示；地下车库出入口尺寸及坡度要求如图 10-30 所示。

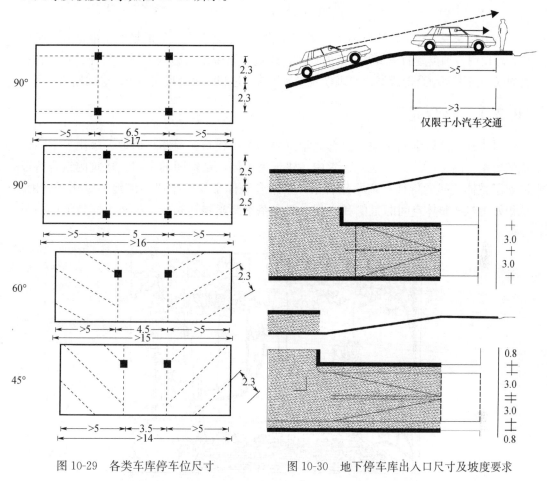

图 10-29　各类车库停车位尺寸　　　　图 10-30　地下停车库出入口尺寸及坡度要求

4. 独立停车楼的布局方式

停车楼也是常见的一种集中式停车的布局方式，其停车位、车行通道及坡道的具体要求与地下停车库一致。常见的停车楼类型如图 10-31 所示。

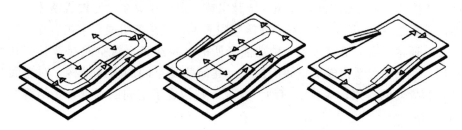

图 10-31　各种不同的停车楼类型示意图

10.2 建筑群体空间设计

对城市来说，建筑是以群体的形式存在的。城市是人类聚集的场所，也是人类所居住、所使用各种类型的建筑物聚集的场所。建筑对于城市的影响表现为两种形式：其一为建筑通过平面组合形成城市肌理，其二为建筑通过竖向组合形成城市的竖向轮廓。

10.2.1 组合元素

对于建筑群体空间来说，组合元素主要是指由建筑、道路、铺地、绿化等空间构成的要素（图 10-32）。在这些元素中，建筑为主体，是空间的主宰。建筑的组合特征决定了整体空间的特征；道路是骨架，是组合整体空间的手段；铺地和绿化是辅助，能很好地烘托整体空间的氛围和内涵。四个基本要素相辅相成，组成不同特征的城市空间。

图 10-32　组合元素示意图（街道空间为例）

10.2.2 空间结构

所谓结构是组成要素之间，按照一定脉络或一定依存关系，连接成整体的一种框架，即各要素之间的组合关系。对于建筑空间来说，就是各组成元素组合在一起的方式和方法。通常来讲，道路作为一种功能场所的联系纽带，对空间起着分割和秩序化的作用，其网络关系构成了空间的框架；建筑物是空间的形体结构，对空间起着限定和行为导向的作用；绿化、铺地、景观等则构成了空间的场景，是结构的填充物（图 10-33）。

10.2.3 组合方法

城市中建筑群体空间的组合千变万化，如若仔细分析加以辨别，也可找出其中的

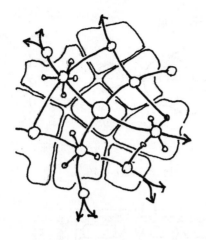

步行交通体系
城市中心
城市次中心
街区中心

图 10-33　空间结构示意图

规律。一般常用的组合方法可归纳为：

1. 单元组合法

将建筑按结构特征和建筑特征划分为基本单元，各单元之间按照一定的关系衔接起来，构成的一种群体关系。这种空间关系应用简单，结构关系明确，组合较灵活。图 10-34 为单元组合示意图。

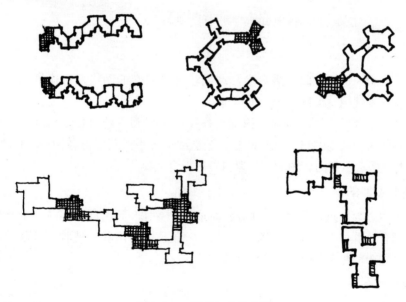

图 10-34　单元组合示意图

2. 几何母题法

采用重复的韵律，将一种、两种或三种基本几何形体作母题，重复使用，以达到建筑与结构的完全统一。为克服单一形态的单调感，可采用变方位、变大小、变虚实等变化方法促成多样性。图 10-35 为几何母题法示意图，图 10-36 为几何母题法组合实例。

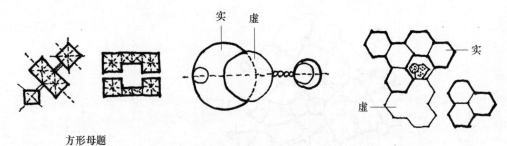

方形母题

图 10-35　几何母题法示意图

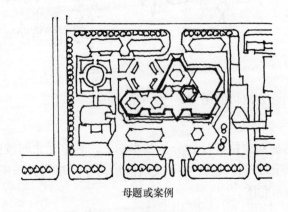

母题或案例

图 10-36　几何母题法组合实例

3. 网格法

网格是按照一定的空间参数尺度，利用正交和斜交的网络，将建筑单元填充在网络中，构成一个规则、标准、统一的群体。

网格法的组合形式虽然有统一的网格作基线，但并不妨碍建筑形式的多样性，可以通过实芯网格、压线网格、旋转网格、透空网格等手法营造出各种形态的群体空间。图 10-37 为网格法示意图，图 10-38 为网格法组合实例。

4. 辐射式组合法

以一个中心为原点，通过发散的肢体向四周辐射，形成自中心向周围辐散和由四周向中心辐合的群体空间秩序。辐射式的组合方式也有网状、枝状、带状等形式，可灵活运用。图 10-39 为辐射式组合法示意图。

5. 廊院组合法

廊院组合法是以通道、走廊、过厅等线性构件作为联系纽带，将各建筑单元组合在一起，构成院落式空间。我国北方的四合院即是这种形式的典范。廊院组合可以构成单院式、复院式、单进式、多进式等数种。廊院具有向心、凝聚、内守、不好散的空间秩序，以院为中心与四周建筑单元发生联系，形成面的关联性。图 10-40 为廊院组合法示意图，图 10-41 为廊院组合实例。

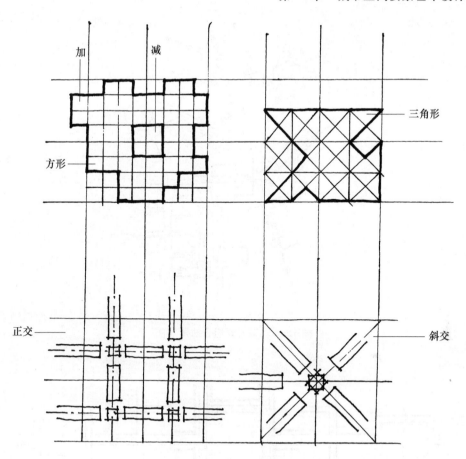

图 10-37　网格法示意图

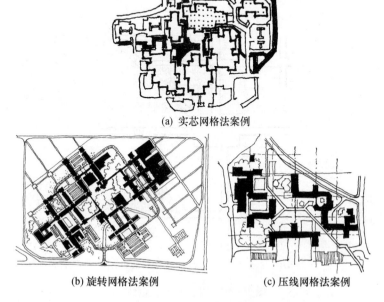

(a) 实芯网格法案例

(b) 旋转网格法案例　　　　(c) 压线网格法案例

图 10-38　网格法组合实例

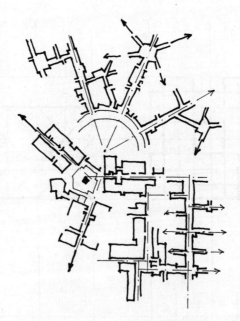

图 10-39　辐射式组合法示意图

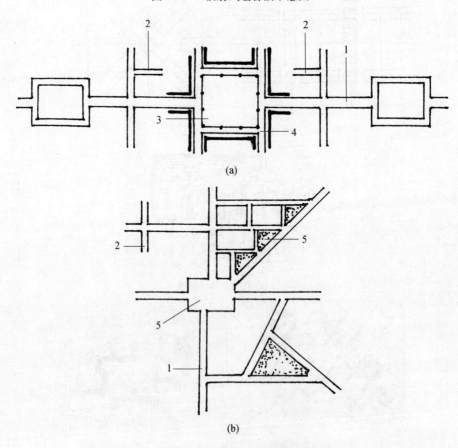

(a)

(b)

图 10-40　廊院组合法示意图
1—街；2—巷；3—院；4—廊；5—广场

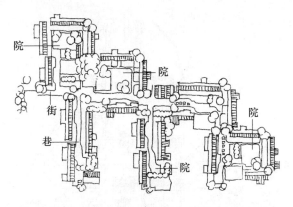

图 10-41　廊院组合实例

6. 轴线对位法

轴线是一种线性关系构件。它具有串联、控制、统辖、组织两侧建筑的作用，使分散的建筑单元以它作为联系的纽带，形成一种线性结构关系，连接成一个整体。轴线对位即线的两侧及在线上的建筑，与线构成贯穿、相切、邻接的对位关系。用线作为秩序构件，可通过串联、并联、包容等方法组织成整体。轴线属于概念性元素，只存在构思中，没有实际的存在形式。图 10-42 为轴线对位法示意图，图 10-43 为轴线对位法实例。

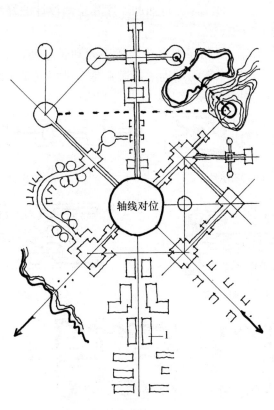

图 10-42　轴线对位法示意图

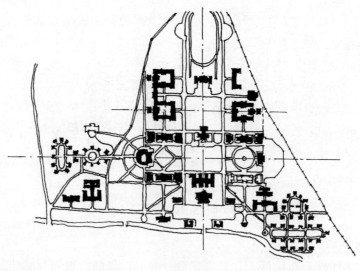

图 10-43　轴线对位法实例

10.2.4　序列空间

　　序列，简单的理解为按一定的次序排列。在这里我们所讲的序列特指城市空间的序列。就如同一幢建筑内部的各个空间，如门厅、过厅、走廊、房间等，要按照一定的顺序组织起来，城市空间的设计也是如此。序列空间设计的好坏是衡量城市空间设计方案的重要标准之一。

　　按照空间的组合形式，空间序列可分为短序列和长序列，平直序列和迂回序列，简单序列和复杂序列。在组织空间过程中，通常是多种序列手法综合在一起使用，从而形成更为完整有效的空间组织。图 10-44 为序列空间图解。

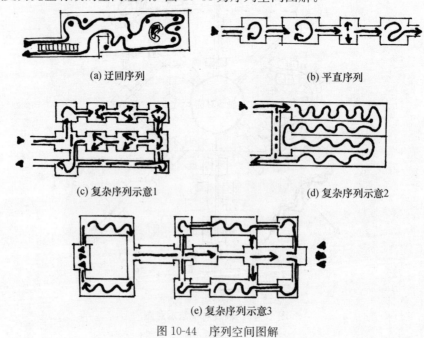

(a) 迂回序列　　　　　　　　　　　　　(b) 平直序列

(c) 复杂序列示意1　　　　　　　　　　(d) 复杂序列示意2

(e) 复杂序列示意3

图 10-44　序列空间图解

在现实的城市空间中，上述序列空间的组织手法都是以复合式的方式来运用的，通过对建筑、铺装、绿地等要素的综合设计，从而塑造了各种各样特征的城市空间。

城市中常用轴线来建立空间秩序，并以此组织空间程序。一种轴线既是人的视觉轴线，也是人们的活动路线，如巴西首都巴西利亚市中心政府轴线即属此例（图 10-45）。另一种轴线只是人们的视觉轴线，并不是或不完全是人们的活动路线，如堪培拉市议会中心三个主轴线中的两个均属此例。这两种轴线运用得好都能创造出城市的主导空间，集中体现城市特征和形象。

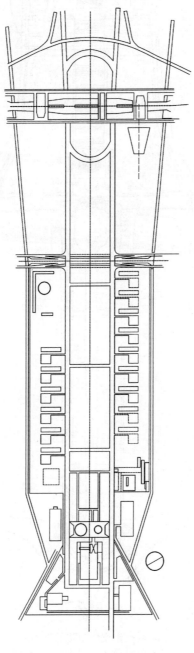

图 10-45　巴西利亚市中心政府轴线平面图

　　整个城市或城市局部范围的设计，都需要有良好的空间，在功能上能满足活动流程的要求，在空间效果上能创造出所构想的环境气氛。南京中山陵的空间序列设计是烘托环境氛围的重要手段。若没有这一空间序列，无论如何也创造不出这样完美的空间效果（图 10-46）。

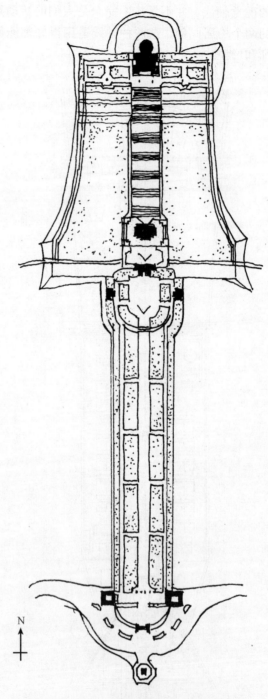

图 10-46　南京中山陵总平面图

10.3　开放空间

开放空间对整体城市空间具有结构性意义。它的适用性和形态使城市功能和城市风貌具有典型特征。它们满足了空间联系的目标要求，是历史遗迹、文化与社会的认知区域。

各种不同存在形式、使用形式的开敞空间，从小公园、街头绿地到运动场，从耕地到森林、水域，它们与城市广场、街道在生态、经济、社会、美学要求及影响方面分别承载着各自的功能和意义。

城市内部"城市性"开放空间作用及城市周边"景致性"开放空间作用一览表见表 10-1 和表 10-2。

表 10-1　城市内部"城市性"开放空间作用一览表

目的	作用
用途	活动空间和交通空间，建筑和用地之间的间隔用地
经济	商业活动、市场及旅行目的地及体验
社会	活动空间、共同驻留空间和交流空间，主动和被动参与公共事务的区域，与私密区域对比，安全和氛围均有一定组织特征的公共区域
文化	景致多样化和感受多样化，对地方的认同及文化、历史的映射

表 10-2　城市周边"景致性"开放空间作用一览表

目的	作用
用途	自然保护、景观保护、水体保护、动植物保留、气候保护、生态平衡用地
经济	农业和林业，土地不动产价值，承载的积极休闲活动
社会	主动和被动的开放空间，身体和精神的平衡作用
文化	美妙景观创造的和谐感受、自然环境带来的平衡感受

开放空间一直是城市空间设计的重要客体，通常具有开放性、可达性、大众性和功能性等特征。开放空间在城市中常以空间体系化形式存在，从而形成连续性的空间序列。例如，自然河道、一组公园道路、相连接的广场空间序列都可以形成这样的开放空间系列。

这种空间体系大致上有两类，即单一功能空间体系和多功能空间体系。

单一功能空间体系是以一种类型的空间形体或自然特征为基础，如水系流域、公园等。大多数的开放空间体系是多功能的，各种建筑、街道、广场、公园、城市水系等共同构成了这一体系，也成为人们从外部认知、体验城市空间的主要载体。

街道、广场和绿地是外部空间的重要活动场地，其很明显的一个特征就是体现城市自然、文化等特色的重要载体，常常与步行化的设计相关联。

10.3.1　街道空间设计

街道属于线性空间，其首要目的在于将各种场所联系起来，通过对用地进行符合用途的布局设置基础上，提供舒适而安全的行进可能。有很多人使用的街道，在交通联系功能之外有了更多的其他功能和意义。因此，街道空间是道路和道路两侧的建筑所围合的公共活动空间，这一空间内要实现人的各种活动需求并提升人们对空间的愉悦感受。

街道空间作为支持城市活动的基础设施及作为城市空间的主要组成部分，具有多样的复合功能。根据街道的通行能力、空间功能、沿街状况及景观种类，可以分为城市标志性道路（城市轴线道路）、繁华商业街、大街、生活系小路、街巷胡同、滨水道路、公园周边道路、散步道等各种类型。

街道空间设计首先应适应于对景观（地形、河流、植被等）的塑造，其次考虑街道两侧的街区功能（住区、商业街等），结合人的行为活动，进行具体的详细规划设计。

1. 街道空间设计的基础资料

（1）地形图

宜采用 1：500～1：1000 的地形图。

（2）调研的基础资料

① 上层次规划中有关道路体系及道路空间的规划框架。

② 设计对象及周边地区的地形图。

③ 经济、社会的制约条件及法规的制约条件。

④ 地域历史文脉及自然条件。

⑤ 街道的景观特性与景观资源。

2. 街道空间设计的要点

街道空间设计主要满足以下几方面功能要求：

（1）交通功能

① 处理好人与车辆交通的关系。

② 处理好步行道、车行道、绿带、街道节点以及街道家具设施各部分之间的关系。

③ 现代街道空间应尽量考虑连贯的步行化设计。

④ 尽可能地将行进的主要目标安排在街道人流主线上，减少过分的曲折迂回。

⑤ 不同地段的街道，可根据人流、车流的不同，道路断面宽度也有所变化。

（2）空间功能

① 贯彻步行优先的原则，实行人车系统分离。

② 建立具有吸引力的步行道连接系统。

3. 街道空间设计的内容

（1）街道景观的发掘与整体形象构筑

① 城市、地域文脉解读。

② 街道景观素质诊断。

③ 街道特色的发掘与表现。

（2）街道的基本设计

① 街道的比例构成：横断面构成、街道宽度与沿街建筑高度比、街道长度与宽度比。

② 街道线形设计：平面线形、纵断面线形。

③ 街道立体结构设计：高架立体空间立体化横断面形状、立体化构筑物设计。

（3）重要节点设计

① 交叉口。

② 桥。

③ 停车场。

④ 地下出入口。

⑤ 步道桥。

⑥ 小建筑：小卖店、报刊亭、公共厕所等。

（4）街道绿化设计

① 绿化布局。

② 绿化层次及种类组合。

（5）街道铺装

① 路面构成。

② 铺装材料选择。

③ 车行道铺装设计。

④ 人行道铺装设计。

⑤ 街道两侧护坡处理。

（6）沿街建筑的规划设计

① 沿街建筑形态规划。

② 建筑立面设计。

③ 后退红线与街角广场设计。

④ 沿道设施的一体化设计。

⑤ 室外广告和招牌的设计规制。

（7）街道家具设施与标志系统设计

① 步车分离设施。

② 街道照明系统。

③ 步行者用设施——公交车站、座椅等。

④ 公益设施——变电箱、垃圾箱等。

⑤ 地域标志系统设计。

4. 典型街道空间设计

商店在城市街道上所占比例很大，它与市民的生活息息相关。以步行商业空间为例，街道的平面结构可以有单街式、双街式、直街式、曲街式以及各种点-条组合式。图 10-47 所示为商业街布局示意。

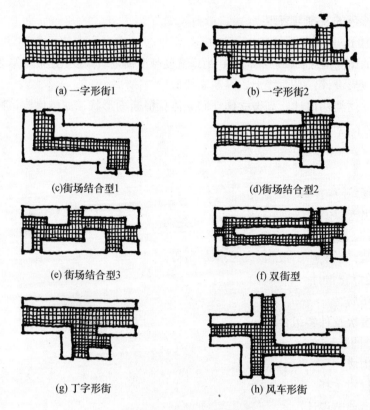

(a) 一字形街1　　　　　　(b) 一字形街2

(c) 街场结合型1　　　　　　(d) 街场结合型2

(e) 街场结合型3　　　　　　(f) 双街型

(g) 丁字形街　　　　　　(h) 风车形街

图 10-47　商业街布局示意

　　从整体来说，商业街的宽度与购物活动和交通设施情况有关。一般是根据商业的功能确定整体的尺度感，再确定建筑的尺度，然后确定街道的尺度。如按完全步行考虑，一般取 10m 左右为宜；如需在街心设置绿化、休息场所、街道家具和消防通道时，则应适当加宽，在步行道基础上再预留 8m 净宽，以适应上述需要。当允许交通车辆通行时，可以按 18～24m 的宽度来考虑，此情况下人群只能被限定在一侧进出商店，不能随意穿越街道。较大型的商圈综合体需要具体问题具体分析。图 10-48 为不同宽度步行商业街形态示意。

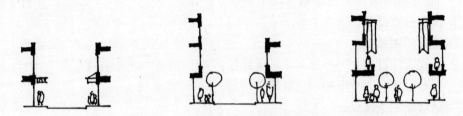

图 10-48　不同宽度步行商业街形态示意

5. 案例

（1）澳大利亚悉尼科索商业步行街

科索商业步行街位于悉尼旅游胜地曼来海滩边，设计中力图不阻挡游人向海湾的视线，将露天演出场地做成下沉式。沿街建筑保留了老式的建筑立面及尺度，街两侧连续的界面表现出多样性。整个街道地面的色彩、图案、质感及街道小品网格统一，突出了富有地域特征的椰树形象，使人们感到整个街道空间和谐的美及多样性的充实（图 10-49）。

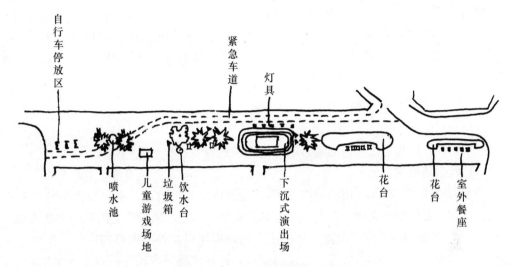

图 10-49　悉尼科索商业步行街

（2）日本居住区步车共存的街道空间

建设步车共存的街道空间，并非是人车混行，而是以保证步行者的舒适安全为主，允许限制速度的汽车通行，同时保证自行车交通的通行。为达到这一目的，可将道路设计为尽端路，避免外部汽车穿行；将车行线路设计为折线形或蛇形，以限制车速；设置车挡或驼峰，以限制车行范围和速度。同时，在步行带布置花台、座椅、灯具等设施。街道的步行空间随着车行道的折线也曲折变化，形成了舒适、美观、充满生活气息的步行空间，如图 10-50 为日本居住区步行共存的两种街道空间设计。

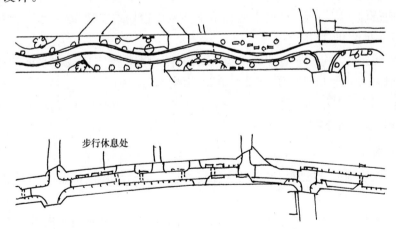

图 10-50　日本居住区步车共存的街道空间

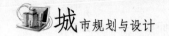

10.3.2 广场空间

城市广场是城市中由建筑或道路围合而成，有围绕一定主题配置的各种设施，人为设置为市民提供公共活动的一种开放空间。按照性质、功能、在道路网中的地位及附属建筑的特征，城市广场可分为市政广场、纪念广场、文化广场、商业广场、游憩广场、交通集散广场等类型；根据在城市空间中的地位可分为城市中心广场、区级中心广场、社区广场等级别。根据需要，其性质和功能可以重叠，形成多功能广场。

1. 广场空间设计的基础资料

（1）地形图

包括广场及周边地区在内的地形图，比例尺宜为 1∶500～1∶1000。

（2）社会环境调查

① 历史文化调查。对当地的历史沿革、重要历史文化遗产、重大历史事件和人物以及有特点、有影响的文化、艺术形式等调查评估，确定广场的历史内涵和文化内涵。

② 人口构成与生活方式调查。对使用广场的市民以及外来人口的数量、年龄、起居时间、休闲方式、交际方式等方面进行调查，评估广场对市民生活可能产生的影响，以确定广场的性质、数量及分布。

③ 交通调查。对广场所在地不同时段的车流、人流进行调查，评估广场选址对交通的影响、城市交通的承受力和市民的可利用性。

④ 经济状况调查。对当地经济发展水平和经济运行特点进行调查，以确定广场的建设档次、建设主体和投资渠道。

（3）自然条件调查

① 地理特征。广场所在地的地形、地貌特征，使人工环境与自然环境相统一。

② 气候特征。对日照、气温、雨水、台风等进行调查，以了解设计中对遮阴、避雨、排水、通风的需要。

③ 用地条件。广场所在地的土地利用条件及周边用地的建设环境进行调查，以确定广场规模、尺度和空间形态。

④ 水资源条件。分别对地上水和地下水进行调查，确定广场与水面的造景关系，了解排水问题、地下空间利用的可能性和道路的路基问题。

⑤ 植被调查。对植物品种、各个季节的色彩变化、树形等进行调查，以确定对植物品种的选择和品种搭配。

2. 广场设计原则

① 整体性原则：广场应与城市结构保持呼应，同时广场内部空间相互融合形成有机整体。

② 平衡原则：广场设计注意把握开敞与封闭的平衡、公共与私密的平衡、复杂与简洁的平衡、限定与变化的平衡。

③ 场所感的创造：结合历史文化、地域特色、当地风俗和生活方式，创造丰富

的活动空间，充分体现对人的关怀，使广场成为具有可识别性、认同感和归属感的空间场所。

④ 多样性原则：以丰富的空间景观创造丰富的视觉感受，以丰富的活动场所满足人们多样的社会活动要求。

3. 广场设计的内容

广场设计通过合理的设施配置、和谐的空间组织、完善的市政配套，实现广场的使用功能，创造丰富的空间意象，综合解决广场内外的交通联系。设计内容主要包括：

① 广场规模、尺度的确定。

② 广场空间形式的处理。

③ 广场景观设施的配置。

④ 广场服务设施的配置。

⑤ 广场交通的有机组织。

4. 典型广场空间设计

根据广场、道路、建筑之间的组合关系，广场又可分为平面型广场和立体型广场。

（1）平面型广场

平面型广场指步行、车行、建筑出入口、广场铺装等位于一个水平面上，或略有上升和下沉，通常情况下可有多种组合方式，会形成不同形式、尺度和氛围的广场空间，其组合形式和特征如图 10-51 所示。在进行具体的城市空间设计时，需要根据广场的性质、周边道路设置情况和建筑出入口位置进行综合比较分析，选择对广场干扰最小，广场空间利用率最高，最符合塑造广场性质的形式。

（2）立体型广场

立体型广场是通过垂直交通系统将不同水平层面的活动场所串联为整体的空间形式。它的特点在于为了满足一定的功能和艺术需求，广场基面相对于城市地面标高，整体或局部出现上升或下沉，在空间上形成高低起伏的变化，这与现代城市空间形态、现代建筑形式、地下空间的开发利用和交通方式的组织有关系。

立体型广场主要有上升式广场、下沉式广场和混合式广场。上升式广场抬高外部开放空间，将车行空间放在较低的层面上，实现人车分流，一方面使开放空间摆脱了城市嘈杂的交通环境的影响；另一方面通过抬高人的视线水平，增强了人的感官感受。下沉式广场通过广场整体或局部的下沉形成一个周边围合的开敞空间，一般结合地下空间的开发利用或地下交通实现不同空间层面的连接，从而创造出丰富多变的广场空间形式。混合式广场是上述两种方式的结合，根据具体的环境要求可进行适当的组合。

立体型广场基本的空间构成要素有边界、出入口、场所、通道、标志与周边，各个要素之间既相互独立又相互联系，构成一个完整的外部空间。在立体型广场的设计上，需要解决以下问题：第一，确定广场所应承担的功能，包括主要功能和次要功能；第二，围绕广场的功能营造出相应的空间氛围，比如商业广场或休闲广场等；第三，塑造广场所代表的精神和文化内涵，使广场主题明确，成为公众认可的城市空间所应

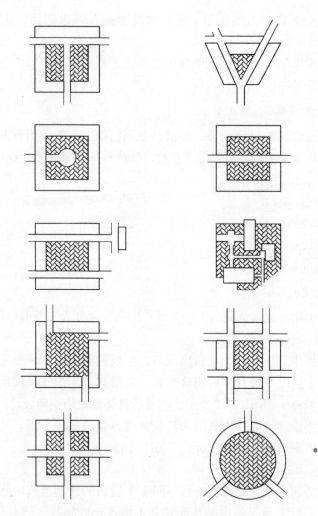

图 10-51　建筑、广场、道路组合关系

具有的城市形象特征；第四，处理好广场与区域其他空间的相互关系，包括交通关系、功能关系、建筑关系等。

国内外有大量优秀立体广场的优秀案例，它们都结合城市周边环境，利用现有条件，为公众设计出高效、舒适，且富于空间变化的城市广场，满足了公众对开敞空间的需求，增加了城市活力，如美国纽约洛克菲勒广场、美国圣地亚哥市的霍顿广场、日本筑波中心广场、东京六本木山庄、法国国家图书馆的下沉式中心花园、上海静安寺广场、上海五角场广场等。

10.3.3　步行空间环境设计

随着汽车等现代交通工具的日益增多，在整个城市通道中，除了交通堵塞、废气污染、道路和停车面积不断增加之外，在文化精神生活方面，汽车还剥夺了居民在城市空间活动的自由度、轻松感、亲切感和安全感，损害了城市与市民之间的相互作用和紧密联系，认同感降低，不安全和不安定感加强，失去了创造城市文化的活力。这些问题逐渐被人们认识并不断进行反思，作为规划师和建筑师来说，步行空间的创造已成为城市规划和城市设计的重要目标。而这一点在许多国家已达成共识。

1．步行空间的概念及类型

步行空间是步行者在不受汽车等交通工具干扰和危害的情况下，人们可以经常性或暂时性地自由而愉悦地活动在充满自然性或景观性和其他设施的空间。步行空间环境的开发建设是城市建设的重要组成部分，关系到城市的规划、设计、建设各个方面。

根据步行空间在城市中与其他城市要素所处的空间相互关系及步行空间的自身特征，步行空间大体有以下几种类型：小规模开放空间、公共绿道、步行街区、交通性步行空间等。城市步行空间类型具体见表 10-3。

表 10-3　城市步行空间类型一览表

形态	方式		名称	类型与特征
永久步行	平面	与车行独立	小规模开放空间	高层建筑下的开放空间 街道内的小规模公园-街心公园
			绿道、漫步道	绿道：以绿化和水构成的步行环境 漫步道：自然、历史等多种类型 散步道：住宅地、商业区等多种类型
			步行者专用空间	开放型：无屋顶 半封闭型：有部分屋顶 封闭型：有屋顶
		与车行共存	步行优先空间	半开放型：一定条件下，一般车辆可通行 公共交通共存型：只限于公共交通车辆通行
			步车共存	分离型：步道和车道有区别 融合型：步道和车道共存
	立体	与车行独立	高架步行空间	步行者专用高架道 空中走廊
			地下步行空间	地下街道：连通性的地下步行道路 地下商业街：与商业设施并存的步行者道路
暂时步行	定时		限定时间的步行空间	购物大街：购物时间时的步行专用空间 上学限定路：上下学时的步行专用空间
	定日			集市：定期举办的集贸市场

2．步行空间环境中人的行为

人的行为规律是步行环境设计的基石，在规划时首先要对该区的状况和人们的行为特征进行预测；其次也可依据行为学和心理学的研究成果或借助于自身的观察来加深认识。表 10-4 是根据对历史与现状的了解，归纳出的人的行为与步行环境的关系，以供大家参考。

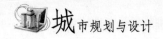

表 10-4　人的行为与步行环境相关表

行为	步行环境	小规模开放空间	绿道、漫步道	步行者专用空间	步行者优先空间	步车共存空间	高架步行空间	地下步行空间	定时步行空间
往来	有目的通行	△	△	○	○	○	○	○	○
	散步	○	○	○	○	○	○	△	○
	跑步	—	△	△	△	—	△	△	—
	聚集	○	○	○	○	○	○	○	△
动作	站立	○	○	○	○	○	○	○	○
	坐	○	○	○	○	○	○	○	○
	横卧	○	△	—	—	—	—	—	—
	跳舞	△	△	△	△	△	△	△	△
	使用厕所	○	○	○	○	○	○	○	○
表现	玩耍	○	○	△	△	△	—	—	△
	表演	○	○	○	△	△	△	△	△
形态	看、观望	○	○	○	○	○	○	○	○
	眺望	○	○	△	○	○	△	—	△
	听	○	○	○	△	△	△	△	△
	读	○	○	△	△	△	△	—	—
陈述	演说、议论	△	△	△	△	△	△	△	△
	聊天	○	○	○	○	○	○	○	○
饮食	吃	○	○	○	△	△	△	△	△
	喝	○	○	○	○	○	○	○	○
	吸烟	○	○	○	○	○	○	○	○
劳动	买卖	○	△	○	△	○	△	○	△

注：○关系密切行为；△有关系的行为；—关系较弱的行为。

在设计时需要结合当地的生活方式，考虑这些行为所需要的空间尺度和形式，尽量满足不同人群的需求。

3. 步行空间环境的安全性和舒适性

步行者在所有的交通参与者中最容易被忽视，使他在以汽车为主导的现代城市交通中处于非常危险的境地。因此，步行者所需的空间设计的安全性极其重要。一般来说，对于步行者来往频繁的道路、游憩道路和购物街道应首先考虑步行空间的设置，并设置必要的保护设施，特别是在人车共用的道路上和道路交叉口区域。表 10-5 为不同功能步行空间的设置对比。

表 10-5　不同功能步行空间的设置对比

项目	不好的设计	好的设计
交通 分流		
交叉口 横道线		

　　步行空间的设置往往会遇到显著的阻碍，例如步行道没有连接、绕道、建筑物或构筑物的障碍等。这些使得步行者的行动范围缩小，因此要鼓励步行交通，赋予步行交通舒适的配置也是至关重要的。表 10-6 为不同情况步行空间的配置。

表 10-6　不同情况步行空间的配置

项目	不好的设计	好的设计
步行道绕行		
坡道设置		
天桥地道		

续表

项目	不好的设计	好的设计
天气情况	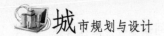	

　　基于通行安全性和舒适性的原因，人行道和车行道之间通过植物种植带或人工隔离带进行分割是很好的措施（图10-52）；人行横道是步行者穿越车行道的重要通道，道路上的人行横道可以有如图10-53所示的措施进行安全建设；道路交叉口对于步行道的联系具有非常重要的作用，适于步行的道路交叉口可以避免行人绕弯路或穿越比较危险的对角线（图10-54）；双向车道隔离的人行步道可以设置交通岛或车道设置弧度（图10-55）；步行天桥和步行地道的安全设置也必不可少，需符合一定要求（图10-56）。

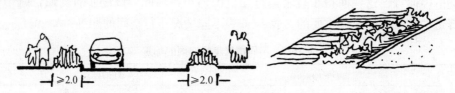

图 10-52　分隔带和隔离带的设置

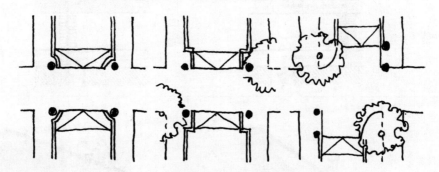

图 10-53　人行横道交通安全性的建设措施

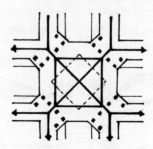

图 10-54　道路交叉口人行横道的安全设置

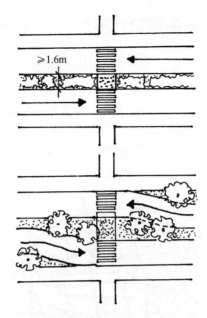

图 10-55　双向车道隔离的人行横道安全设置

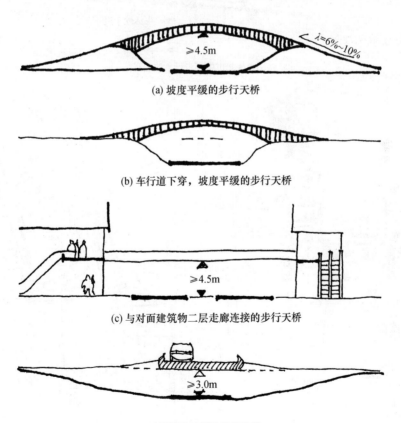

(a) 坡度平缓的步行天桥

(b) 车行道下穿，坡度平缓的步行天桥

(c) 与对面建筑物二层走廊连接的步行天桥

(d) 坡度平缓的步行地道

图 10-56　步行天桥和地道的安全设置

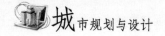

10.3.4 典型开敞空间体系设计案例

1. 城市步行开敞空间体系——合肥市中心区步行体系

合肥市是一座有两千多年历史的古城，老城占地 5.2km²，现已成为城市中心区。市中心采取多种措施改善中心区环境，解决交通矛盾，建设中心区商业、文化活动的步行系统。在老城区井字形生活干道网之间，结合古迹保护及商业设施，建设了七桂塘及城隍庙步行系统，通过淮海路步行绿带与东部古迹"教弩台"为中心的步行商业街相连，形成了连续且具有传统空间特色的步行街系统（图 10-57）。

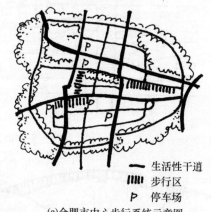

— 生活性干道
|||| 步行区
P 停车场

(a)合肥市中心步行系统示意图

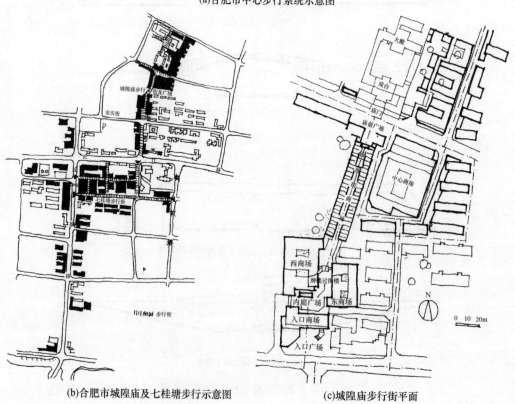

(b)合肥市城隍庙及七桂塘步行示意图   (c)城隍庙步行街平面

图 10-57 合肥市中心步行体系

2. 城市绿地开敞空间体系——合肥市城市绿环

合肥市环城公园是在古城墙的遗址上建设的，绿环总长为 8.7km，占地 1.366km²，是多数居民易于到达、有一定容量、分布均匀的绿色空间。在绿环的设计中，研究了古城墙址中有价值的遗迹、人物及事件，作为人文景观的构思来源；研究了各段的地形特征及现状，创造了各具特色的景区。环城公园包括以山林、野趣为特色的环北景区；以浓郁历史人文特色的包河景区；以俯视银河水景为特色的银河景区；以现代广场、雕塑、喷泉为特色的环东景区；以山水见长的西山景区和以大型游乐中心为特色的环西景区。绿环的地形高低起伏，并有碧水潆洄，水面宽窄不一，对造景十分有利。

环城公园不仅为居民提供了良好的游憩场所，也保护和展现了该城市丰富内涵的历史文化，同时为城市景观增添了特色。

图 10-58 为合肥市城市绿环示意图。

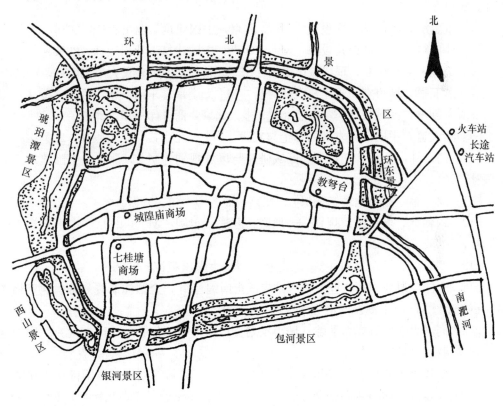

图 10-58　合肥市城市绿环示意图

参考文献

[1] 中国城市科学研究会. 中国城市规划发展研究报告 2014—2015 [M]. 北京：中国建筑工业出版社，2015.

[2] 孙施文. 现代城市规划理论 [M]. 北京：中国建筑工业出版社，2012.

[3] 全国城市规划执业制度管理委员会. 城市规划原理 [M]. 北京：中国计划出版社，2011.

[4] 董鉴泓. 中国城市建设史 [M]. 北京：中国建筑工业出版社，2016.

[5] 沈玉麟. 外国城市建设史 [M]. 北京：中国建筑工业出版社，2016.

[6] 约翰·M·利维. 现代城市规划 [M]. 北京：中国人民大学出版社，2003.

[7] 黄亚平. 城市空间理论与空间分析 [M]. 南京：东南大学出版社，2004.

[8] 方创琳. 区域规划与空间管制 [M]. 北京：商务印书馆，2007.

[9] 陆大道. 中国区域发展的理论与实践 [M]. 北京：科学出版社，2003.

[10] 杨培峰，甄峰，王兴平. 区域研究与区域规划 [M]. 北京：中国建筑工业出版社，2011.

[11] 周一星. 城市地理学 [M]. 北京：商务印书馆，1997.

[12] 顾朝林. 城镇体系规划——理论、方法、实例 [M]. 北京：中国建筑工业出版社，2005.

[13] 谭纵波. 城市规划 [M]. 北京：清华大学出版社，2005.

[14] 全国注册规划师执业资格考试应试指南编写组. 全国注册规划师执业资格考试应试指南 [M]. 上海：同济大学出版社，2001.

[15] 同济大学建筑规划学院. 城市规划资料集（第一分册）[M]. 北京：中国建筑工业出版社，2005.

[16] 中华人民共和国住房和城乡建设部. 镇（乡）域规划导则（试行），2010.

[17] 建设部. 城市规划编制办法 [S]. 北京：中国建筑工业出版社，2006.

[18] 江苏省城市规划设计研究院. 城市规划资料集：控制性详细规划 [M]. 北京：中国建筑工业出版社，2002.

[19] 上海市规划和国土资源管理局. 上海市控制性详细规划成果规范. 上海，2010.

[20] ［日］芦原义信. 外部空间设计 [M]. 尹培彤，译. 南京：江苏凤凰科学技术出版社，2017.

[21] ［奥地利］卡米诺·西谛. 城市建设艺术 [M]. 仲德崑，译. 南京：东南大学出版社，1990.

［22］［美］凯文·林奇．城市意象［M］．方益萍，何晓军，译．北京：华夏出版社，2002.

［23］［挪威］诺伯格·舒尔茨．场所精神—迈向建筑现象学［M］．施植明，译．武汉：华中科技大学出版社，2010.

［24］［英］麦克哈格．设计结合自然［M］．芮经纬，译．北京：中国建筑工业出版社，1992.

［25］［美］约翰·西蒙兹．大地景观——环境规划指南［M］．程里尧，译．北京：中国建筑工业出版社，1990.

［26］王建国．城市设计［M］．2版．南京：东南大学出版社，2004.

［27］吴明伟，陈联，孔令龙．城市中心区规划［M］．南京：东南大学出版社，1999.

［28］朱家瑾．居住区规划设计［M］．北京：中国建筑工业出版社，2007.

［29］欧阳康，等．住区规划思想与手法［M］．北京：中国建筑工业出版社，2009.

［30］王景慧，阮仪三，王林．历史文化名城保护理论与规划［M］．上海：同济大学出版社，1999.

［31］张松．历史城市保护学导论［M］．上海：上海科学技术出版社，2001.

［32］阳建强，吴明伟．现代城市更新［M］．南京：东南大学出版社，1999.

［33］阳建强．西欧城市更新［M］．南京：东南大学出版社，2012.

［34］罗伯茨 P，塞克斯 H．城市更新手册［M］．叶齐茂，倪晓辉，译．北京：中国建筑工业出版社，2009.

［35］吴良镛，等．京津冀地区城乡空间发展规划研究［M］．北京：清华大学出版社，2002.

［36］刘永德，三村翰弘，川西利昌，等．建筑外环境设计［M］．北京：中国建筑工业出版社，1996.

［37］［德］迪特尔·普林茨．城市设计（上）［M］．吴志强译制组，译．北京：中国建筑工业出版社，2010.

［38］［德］迪特尔·普林茨．城市设计（下）［M］．吴志强译制组，译．北京：中国建筑工业出版社，2010.

［39］夏祖华，黄伟康．城市空间设计［M］．南京：东南大学出版社，1994.

［40］李昊，周志菲．城市规划开题考试手册［M］．武汉：华中科技大学出版社，2013.

［41］洪亮平．城市设计历程［M］．北京：中国建筑工业出版社，2002.

［42］王建国．现代城市设计理论和方法［M］．南京：东南大学出版社，2005.

［43］李东泉．简明城市规划与设计教程［M］．北京：清华大学出版社，2013.

［44］阳建强．城市规划与设计［M］．2版．南京：东南大学出版社，2015.

［45］刘西忠．省域主体功能区格局塑造与空间治理［J］．南京社会科学，2018（5）：15-18.

［46］王兴平．都市区化：中国城市化的新阶段［J］．城市规划汇刊，2002（4）：56-59．

［47］王欣．美国当代风景园林大师—ＪＯ西蒙兹［J］．中国园林，2001（4）：75-77．

［48］丁凡，伍江．城市更新相关概念的演进及在当今的现实意义［J］．城市规划汇刊，2017（6）：87-95．

［49］官卫华．城乡统筹视野下城乡规划编制体系的重构-南京的探索与实践［J］．城市规划汇刊，2012（3）：85-95．

［50］杨荫凯．国家空间规划体系的背景和框架［J］．改革，2014（8）：125-130．

［51］张衍毓，陈美景．国土空间系统认知与规划改革构想［J］．中国土地科学，2016（2）：11-21．

［52］钮小杰，王筱春，王小君．国外国土空间规划实践的异同及启示［J］．云南地理环境研究，2013（12）：96-99．

［53］王丹，王士君．美国新城市主义与精明增长发展观解读［J］．国际城市规划，2007（2）：61-66．

［54］张贡生．世界城市化规律文献综述［J］．兰州商学院学报，2005（4）：101-109．

［55］刘治国．沈阳市棚户区改造历程回顾及模式创新［J］．规划师，2016（1）：5-10．

［56］刘慧，高晓璐，刘盛和．世界主要国家国土空间开发模式及启示［J］．世界地理研究，2008（6）：38-46．

［57］盛科荣，樊杰，杨昊昌．现代地域功能理论及应用研究进展与展望［J］．经济地理，2016（12）：1-7．

［58］王成军，王稳琴，刘大龙．中国城市化发展的演变进程及其特征［J］．西安建筑科技大学学报（自然科学版），2011（6）：404-409．

［59］孙颖杰，王姝，邱柳．中国城市化进程及其特征研究［J］．沈阳工业大学学报（社会科学版），2009（7）：220-224．

［60］滕夙宏．新城市主义与宜居性住区研究［D］．天津：天津大学建筑学院，2007．